分布式光储微电网
系统设计、施工与维护

刘继茂　郭　军　编著

内 容 提 要

本书结合近年来出现的光储微电网行业新技术，重点讲述如何应用新技术，降低分布式光储微电网的初始投资，提高系统收益，降低运行维护成本。

全书共 6 章，主要内容包括分布式光储微电网系统概述、分布式光储微电网系统的发展情况、光储微电网系统建设与投资分析、光储微电网系统检测和维护、光储微电网系统的案例设计与分析、光储微电网系统常见问题分析。

本书可供分布式光储微电网系统投资商、安装商、组件厂家、逆变器、储能厂家等阅读、使用，也可供新能源从业人员参考。

图书在版编目（CIP）数据

分布式光储微电网系统设计、施工与维护/刘继茂，郭军编著．—北京：中国电力出版社，2023.4
ISBN 978-7-5198-7666-1

Ⅰ．①分…　Ⅱ．①刘…　②郭…　Ⅲ．①太阳能光伏发电—电力系统—系统设计②太阳能光伏发电—电力系统—工程施工　Ⅳ．①TM615②TM7

中国国家版本馆 CIP 数据核字（2023）第 051269 号

出版发行：中国电力出版社
地　　址：北京市东城区北京站西街 19 号（邮政编码 100005）
网　　址：http://www.cepp.sgcc.com.cn
责任编辑：曹建萍（010-63412418）
责任校对：黄　蓓　马　宁
装帧设计：郝晓燕
责任印制：吴　迪

印　　刷：三河市万龙印装有限公司
版　　次：2023 年 4 月第一版
印　　次：2023 年 4 月北京第一次印刷
开　　本：787 毫米×1092 毫米　16 开本
印　　张：10.25
字　　数：206 千字
印　　数：0001—5000 册
定　　价：50.00 元

前言

当今世界，全球气候治理呈现新局面，新能源和信息技术紧密融合，生产生活方式加快转向低碳化、智能化，能源体系和发展模式正在进入非化石能源主导的崭新阶段。全球能源结构加快调整，新能源技术水平和经济性大幅提升，风能和太阳能利用实现跃升发展，规模增长了数十倍。中国、欧盟、美国、日本等130多个国家和地区提出了碳中和目标，世界主要经济体积极推动经济绿色复苏，清洁低碳能源发展迎来新机遇。

能源系统多元化迭代蓬勃演进。分布式能源快速发展，能源生产逐步向集中式与分散式并重转变，系统模式由大基地大网络为主逐步向与微电网、智能微电网并行转变，推动新能源利用效率提升和经济成本下降。新型储能有望规模化发展并带动能源系统形态根本性变革，构建新能源占比逐渐提高的新型电力系统蓄势待发，能源转型技术路线和发展模式趋于多元化。

能源产业智能化升级进程加快。互联网、大数据、人工智能等现代信息技术加快与能源产业深度融合。智慧电厂、智能电网、智能机器人勘探开采等应用快速推广，无人值守、故障诊断等能源生产运行技术信息化、智能化水平持续提升。能源系统向智能灵活调节、供需实时互动方向发展，推动能源生产消费方式深刻变革。

光伏、储能、微电网等领域发展日新月异，出现很多新的技术，如210、182大尺寸硅片，同质结电池（TOPCon）、异质结电池（HJT）、全背电极接触电池（IBC）等N型新型组件，提升了光伏系统的效率；光伏与建筑相结合的光伏建筑一体化（BIPV）、光伏附加建筑（BAPV）技术，不仅让建筑能耗降低，而且可以让建筑成为发电站，对外输出电能；钠电池、集装箱储能液冷技术、气溶胶防火技术等新技术的出现，让储能更安全，成本更低；逆变器端的I–U曲线扫描等智能运行维护新技术，减少运行维护成本、提高系统寿命和整体收益。

本书在编写过程中，参考了国内外多个厂家的产品手册和实际应用案例，参阅了光伏和储能相关书籍、文献和技术报告，在此向相关作者、单位表示衷心感谢。由于作者水平有限，时间仓促，本书难免有不妥之处，恳请广大读者批评指正。

编著者

2023年1月

目录

第1章　分布式光储微电网系统概述

微电网（Micro-Grid，MG）是指由分布式电源、储能装置、能量转换装置、负荷和监控、保护装置汇集而成的小型发配电系统，是一个能够实现自我控制、保护和管理的自治系统，既可以与外部电网并网运行，也可以孤立运行。微电网是智能电网的重要组成部分，微电网的提出实现了分布式电源灵活、数量大、多样性的并网问题，实现了对负荷多种能源形式的可靠供给，是实现主动式配电网的一种有效方式，使传统电网向智能电网过渡。

1.1　分布式光储微电网概述

微电网的种类非常多，具体结构也是多种多样，但基本单元应包括分布式电源、负荷、储能、控制中心。微电网对外是一个整体，通过一个公共连接点与电网连接，其内部是一个小型发电、配电、用电系统，如图 1-1 所示。

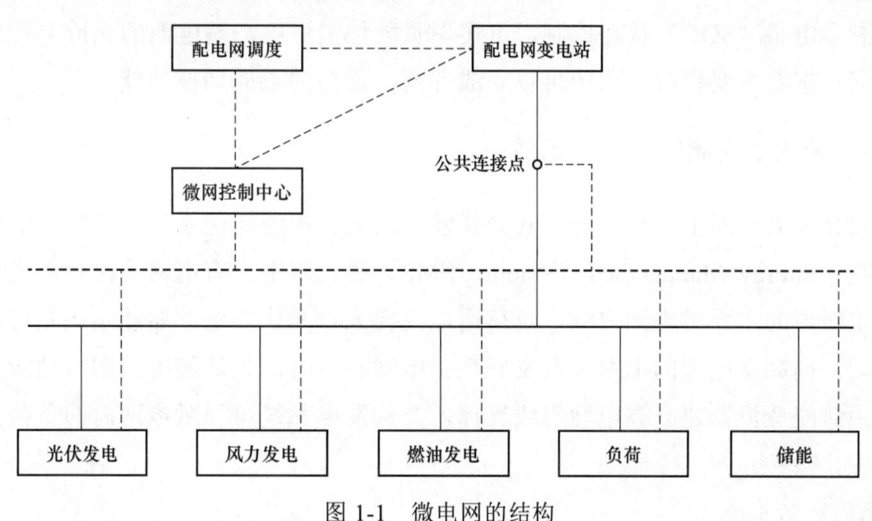

图 1-1　微电网的结构

1.1.1　微电网的结构

（1）分布式电源：以新能源为主的多种能源形式，如光伏发电、风力发电、燃料电池、燃气轮机等；也可以是以热电联产或冷热电联产形式存在，就地向用户提供热能或者降低温度，提高分布式发电的利用效率和灵活性。

光伏发电是目前微电网分布式电源最主要的形式，同其他几种能源相比，太阳能取之不尽，用之不竭；光伏发电系统没有运动部件，不容易损坏，维护简单；光伏发电可就近供电，不用长距离保送；光伏电站建立周期短，方便、灵敏，而且可以依据负荷的增减，从几十瓦到几十兆瓦的光伏容量，可以自由设计和建设，避免浪费。

（2）负荷：包含各种一般负荷和重要负荷或有特殊要求的负荷。微电网输出控制装置一般都会配置多个接口，对应不同的负荷，重要负荷可以接在有储能电池的不间断电源接口，保障负荷连续运行。

（3）储能装置：采用各种储能方式（含物理、化学、电磁储能），用于新能源发电的能量存储、负荷调节，如削峰填谷、微电网的“黑启动”等。在各种储能方式中，微电网储能以电化学储能（锂电池、钠电池、液流电池及铅炭电池）等为主，相较于其他储能方式，电化学储能有以下优势：能量密度大、转换效率高、建设周期短且安装方便，具有双向、快速响应的特性，能量双向可控，功率可以快速响应，容量大小可控，非常适合微电网的要求。

（4）控制装置：由软硬件装置构成控制系统，实现分布式发电控制、储能并离网切换控制、微电网实时监控、微电网保护、微电网能量管理等。微电网控制系统是微电网的核心，主要功能有并网运行时，响应调度系统的控制，同时完成对蓄电池组的充放电管理；孤岛运行时，储能系统建立电网，逆变器离网运行，系统由微电网能量管理系统根据负载和电池组剩余电量（SOC）状态控制，可实现负载稳定供电、蓄电池的充放电管理及电池均衡，电网状态发生变化时，系统可以完成并网、孤岛的双向切换功能。

1.1.2 分布式光储微电网的组成

分布式光储微电网主要包括分布式光伏发电系统、电池储能系统以及相关的配电、能量管理系统（Energy Management System，EMS）等。其中，有电网支撑时，光伏储能系统作为微电网内的主要供电微电源，负荷用电主要来自光伏发电，储能系统则可以平滑光伏发电波动，提高微电源的电网接入友好性；电网停电时，光储微电网则启动应急备用供电功能，由储能变流器建立微电网母线支撑，光伏发电系统可为微电网内的负荷提供持续的能量供应。

1. 光伏发电系统

光伏发电系统主要包括光伏组件、逆变器、支架、电缆、配电等部件。光伏组件主要作用是把太阳能转化成为电能，成本约占系统的50%，种类有很多，如单晶硅太阳能电池、多晶硅太阳能电池、非晶硅太阳能电池和多元化合物太阳电池等。光伏逆变器的主要作用是把光伏组件发出来的直流电转化为交流电，同时还承担检测、控制、安全管理、数据记录和通信等任务，是系统最核心的部件。

2. 电池储能系统

电池储能系统主要包括储能电池、电池管理系统和储能变流器。储能电池作为能量存储的载体，既可实现能量时空转移，也可实现功率补偿。电池管理系统可以对电池阵列组进行全方位的监控、管理、保护、报警等，最大化延长储能电池堆使用寿命。

3. 能量管理系统

EMS是整个光储微电网系统的控制器，其能量管理功能包括系统运行模式判断、功率调度及设备运行状态控制，具体而言就是根据电网状态判断系统处于独立运行还是并网运行，在独立运行时需要根据功率动态平衡原则完成光伏发电和储能系统的功率调度，根据系统状态及设备状态完成光伏并网逆变器的启停控制和双模式逆变器的组网控制；在并网运行时根据蓄电池的状态完成双模式逆变器的充电控制及并网逆变器的启停控制。

光储微电网主要分为以下4种运行状态。

（1）系统并网运行。系统并网运行时，储能变流器（PCS）处于并网运行状态，EMS根据蓄电池的荷电状态判断PCS是否需要对蓄电池进行充电以及以何种方式充电；对于不需要接受功率调度的微电网电站，光伏并网逆变器按最大功率发电，对需要接受调度指令的微电网电站，EMS将调度指令发送给光伏并网逆变器按照指令控制发电功率。

（2）并网向独立切换。在并网状态下如果EMS检测到电网失电或电网故障则控制并网开关断开，同时PCS自动切换到独立运行，以电压源形式启动组建系统电压；光伏并网逆变器因失电停机，EMS在PCS启动完成之后，控制并网逆变器重新启动，系统进入独立运行模式。

（3）系统独立运行。系统独立运行时，EMS的管理原则是通过电源和负荷的管理来维持微电网功率的动态平衡，保证母线电压和频率的稳定。此时，PCS电压源运行，输出三相交流电压组网，光伏并网逆变器并联运行。根据负荷大小与光伏发电等电源的发电功率大小EMS需要对电源和负荷进行管理。

（4）独立向并网切换。在独立运行状态下EMS检测到电网电压正常后，首先将PCS运行模式切换为并网运行，PCS自动调整输出电压与大电网的电压同步，然后EMS闭合并网开关，所有设备并网运行，系统进入并网运行模式。

1.2 微电网的分类

微电网的构成多种多样，有简单的，也有复杂的。如光伏发电系统和储能系统，可以组成简单的用户级光储微电网，而风力发电系统、微型燃气轮机发电系统可组成多能互补复杂微电网。一个微电网内还可以含有若干个微型小电网，根据微电网的运行方式、电流类型、应用场景等可以做不同的分类。

微电网运行方式主要有两种类型，一种是并网型，一种是孤网型。并网运行就是微电网与公用大电网相连，微电网断路器闭合，与主网配电系统进行电能交换。光伏系统并网发电。储能系统可进行并网模式下的充电与放电操作。并网运行时可通过控制装置转换到离网运行模式。孤网运行也称离网运行，是指在电网故障或计划需要时，与主网配电系统断开，由分布式发电、储能装置和负荷构成的运行方式。储能变流器工作于离网运行模式为微电网负荷继续供电，光伏系统因母线恢复供电而继续发电，储能系统通常只向负载供电。

微电网按电流类型划分，微电网分为直流微电网、交流微电网、交直流混合微电网。

直流微电网是指采用直流母线构成的微电网，发电机、储能装置，直流负荷通过变流装置接入直流母线，直流母线通过逆变装置接至交流负荷，直流微电网向直流负荷、交流负荷供电。直流微电网的优点：发电机控制只取决于直流电压，微电网系统和发电机比较容易协同运行，发电机和负荷的波动由储能装置在直流侧补偿，不需要考虑电流同步的问题，环流抑制更容易处理，直流微电网的缺点是常用电器多为交流设备，需要增加逆变器。

交流微电网是采用交流母线构成的微电网系统，交流母线通过公共连接点 PCC 断路器控制，实现微电网运行与离网运行，交流微电网是微电网的主要形式。交流微电网的优势：采用交流母线与电网连接，符合交流用电情况，不需要逆变器，交流微电网的缺点是运行较为复杂。

交直流混合微电网：采用交流母线和直流母线共同构成的微电网，可以直接给直流设备和交流设备供电。交直流混合微电网可以视为特殊类交流微电网。

微电网按应用场景，可以分为简单微电网、多种能源互补微电网。

简单微电网：仅含一类分布式发电，其功能和设计也相对简单，如光储离网系统，风电储能系统，小型燃油系统等。

多种能源互补微电网：多能互补微电网含多种分布式电源和储能，如风力发电、光伏发电、水轮发电机、柴油发电机、微型燃气轮机以及燃料电池、蓄电池等多种电源形式，还有一些接在热力用户附近，为其提供热源。相对于大电网，多能互补系统的惯性较小，间歇分布式能源比例，孤岛运行时需要维持电压和频率，因此对能源控制和管理的功能性要求更高。

1.3 微电网现状和应用场景

随着世界各国用电需求的快速增长，发电模式也日趋多样化，微电网作为新兴的发电模式之一，具有成本低、发电效率高、灵活、可靠性高等优点，目前国内外对微电网技术的研究已经取得不少进展，行业普及率逐步提高，同时新能源应用的高速发展，也拉动了微电网行业的发展速度。

据北京研精毕智信息咨询有限公司统计，目前微电网行业主要集中于公共机构、工商业区和社区领域三个细分领域市场，在2021年市场占比分别为33%、31%和19%，相比之下军队和孤岛领域占比较低，约为11%和6%。

从分布式发电装机量方面来看，呈现逐年递增的趋势。2021年全球微电网的市场规模约为1869亿元，市场增长速度幅度比较大，随着各个国家对微电网技术的研发投入加大，预计未来市场规模将会持续提高，2028年全球微电网行业规模有望达到约4149亿元，在2022—2028年期间，年平均复合增长率将会达到11.7%，未来行业有较大的发展空间。

随着风电和光伏分布式发电装机量的提高，同时在国家政策的引导下，带动了微电网行业的快速发展，从行业发展前景方面来看，新能源发展、个性化供电需求和“一带一路”沿线微电网的建设都将成为新的市场增长点。目前微电网工程大致可以分为三类应用场景：边远地区微电网，海岛微电网和城市微电网。

1. 边远地区微电网

边远地区地广人稀，远离大电网，交通不便，采用电网延伸的方式成本高，采用化石能源发电对生态环境的损害大。但是，边远地区风光等可再生能源丰富，土地成本较低，适合发展新能源微电网。目前，在我国西藏、青海、新疆、内蒙古已经建成一批新能源微电网示范项目，解决了当地的供电困难。

2. 海岛微电网

我国面积500m^2以上的岛屿有6536个，其中有人居住的岛屿共450个。这些岛屿中，小岛多、大岛少，缺水岛多、有水岛少。这些岛屿总体用电量不大，远距离架设输电网络不具有经济效益，尤其是外海岛屿远离大陆，敷设海底电缆的前期投入和后期维护费用巨大。

偏远海岛如果不能和大陆主电网连接，一般情况用电需要依靠岛上的自备柴油发电机组，居民无法获得稳定可靠的电能，且对环境污染较大，对海岛居民的生产生活和海岛经济的长远发展造成极大影响。打造包括太阳能发电、风力发电、海浪发电和蓄电池储能系统在内的全新分布式供电系统，与海岛原有的柴油发电系统和电网输配系统集成为多能互补微电网系统，将是解决离网型海岛用电难问题的有效途径。

3. 城市微电网

随着控制技术进步，电价上涨，城市出现户用微电网系统和工商业零碳智慧微电网，包括集成可再生分布式能源，提供高质量及多样性的供电可靠性服务，冷热电综合利用，可以实现零能耗建筑，电网削峰填谷、调峰调频等多种功能。

随着经济的发展，人民日益增长的美好生活需要，对家居环境的舒适度，生活质量的改善的要求也越来越高。在自家屋顶，安装太阳能组件，再加上储能系统，就可以组成一套永不停电的户用微电网系统。除了提供清洁能源，实现绿色环保外，还可以利用峰谷电差价节省电费。系统具有强大的控制能力和通信能力，通过传感器、智能开关、无线传输、互联网构成一个家庭智慧能源管理系统，进行电器管理和用电分析服务，优化家电负荷调配，降低家庭电能开销，注重家居环境的舒适度，提高生活质量。

工商业微电网系统利用物联网，联系大电网，分布式能源站、能源用户，并借助能源管理系统，实现工商业园区综合能源系统的灵活可控，促进清洁能源的开发，实现电能、热（冷）能等的综合利用、相互转化和存储，全面降低用能成本，提升经济效益，减少污染物排放。帮助企业进行高效的能源管理，改变能源的使用习惯，规范和加强能源管理。

1.4 太阳能发电是最环保的能源

太阳每天源源不断地向地球辐射能量，地球上生命能够维持的本质，也是依靠着太阳辐射的能量，但是其实地球接收的太阳的能量，本身只占了太阳向外辐射的能量的非常小的一部分，为太阳向宇宙空间放射的总辐射能量的22亿分之一，但是就是这一小部分也足够地球上万物生长了。

世界气象组织1981年公布的太阳常数值是1368W/m^2，太阳辐射通过大气，一部分到达地面，称为直接太阳辐射；另一部分被大气的分子、大气中的微尘、水汽等吸收、散射和反射。被散射的太阳辐射一部分返回宇宙空间，另一部分到达地面，到达地面的这部分称为散射太阳辐射。到达地面的散射太阳辐射和直接太阳辐射之和称为总辐射。太阳辐射通过大气后，其强度和光谱能量分布都发生变化。

到达地面的太阳辐射能量比大气层外小得多，经过大气吸收以及反射等，地表能接收的面积大约为1000W/m^2，地球接收的总量大约为110亿亿kWh电。假设能把地球表面所有的地方都铺满太阳能电池板，那么1年的发电量大约也有10亿亿kWh。而2016年全球总发电量为25万亿kWh，是地球接受太阳能的4万分之一。

地球的温度变化依赖着大气层、洋流、合适的自转速度等其他行星不一定具有的特性，保持在一个相对稳定的区间，但是春夏秋冬、东南西北，温度的差距还是很明显的——因为地球围绕太阳公转的轨道平面与地轴本身的角度、南北半球不同时间接受的太阳辐射是不同的，因此北方冬天气温会降到－30℃，夏天则可以高到＋30℃，中间60℃的差距，考虑地球巨大的体量，接受和散失的能量巨大；同时一个地区昼夜之间也会有比较明显的温度差异，这就是因为黑夜没有被太阳照射到的部分地球会向宇宙辐射能量，从而温度降低。所以，地球的温度是一直在变化的，这种变化正是因为地球接收和释放的能量的波动，并不违反能量守恒定律。

地球在四十多亿年来一直沐浴着太阳的光辉，太阳每时每刻都慷慨向地球辐射能量。按一般性的理解，地球应该是越来越暖和的，甚至应该是炎热的。然而实际上地球并没有变得更暖，在地球漫长的岁月中还遭遇到了 4 次冰河时期，地球是沿着寒冷—温暖—寒冷—再温暖—再寒冷……周而复始，循环往复的，从来没有变得炎热。

所有的有温度的物体都能产生辐射，高温物体辐射可见光和紫外线（短波），低温物体辐射红外线（长波）。太阳表面温度高向地球辐射紫外线和可见光，地球表面温度低向宇宙辐射红外线。地球维持气候变化，自转和绕太阳公转需要消耗能量，还有极少数的能量，转化为煤、石油和天然气储能起来，在漫长的几十亿年中，基本上达到一种动态平衡，所以在一个较长的时间内地球表面温度几乎恒定。

化石能源是指由生物体经过亿万年形成的煤、石油、天然气等，是不可再生的能源，它们都是数亿年前植物和动物残骸演化而成，所有化石燃料是由碳氢化合物组成。人们焚烧化石燃料，如石油、煤炭等会产生大量的温室气体，这些温室气体对来自太阳辐射的可见光具有高度透过性，而对地球发射出来的长波辐射具有高度吸收性，能强烈吸收地面辐射中的红外线，导致地球温度上升，即温室效应。全球变暖会使全球降水量重新分配、冰川和冻土消融、海平面上升等，不仅危害自然生态系统的平衡，还威胁人类的生存。陆地温室气体排放造成大陆气温升高，与海洋温差变小，进而造成了空气流动减慢，雾霾无法短时间被吹散，造成很多城市雾霾天气增多，影响人类健康。

太阳能发电不会破坏地球气温平衡，太阳能发电是利用电池组件或者热能机将太阳能直接转变为电能的装置，它不会消耗化石燃料，在地球气温平衡系统中，它不会多产生能量；太阳能电站建在屋顶和地面，也没有温室气体排放，不会影响地球对外辐射；太阳能电站一般建在无法种植的土地上，因此不会对地球上其他绿色植物（包括藻类）吸收光能产生影响。

1.5 光伏发电如何助力实现“双碳”目标

为应对气候变化挑战、解决气候危机，中国提出了二氧化碳排放力争于 2030 年前达到峰值，努力争取 2060 年前实现碳中和的目标承诺。中国的碳排放主要集中于电力、工业和交通部门，能源领域产生了我国近 85%的碳排放，是排放大户，煤炭消耗导致的二氧化碳排放量已经超过 75 亿 t，占化石能源碳排放总量超过 75%；其次为石油和天然气消耗导致的二氧化碳排放，其占比大致为 14%和 7%。碳达峰、碳中和的深层问题是能源问题，能源转型是实现“双碳”的根本保障。我国不同行业碳排放占比如图 1-2 所示。

目前，我国的电力结构仍然以煤电为主，燃煤发电量占发电总量的 64%以上，因此电力系统的深度脱碳是我国实现碳中和目标的关键。在用电总需求仍较快增长的情况下，减少燃煤发电，就要增加可再生能源发电。但实现“双碳”不是简单地退煤，而要实现“多能互补”，推动煤炭和新能源优化组合，进而建立以可再生能源为主体的低碳绿色电力系统。我国2021年各种能源发电量对比见表1-1。

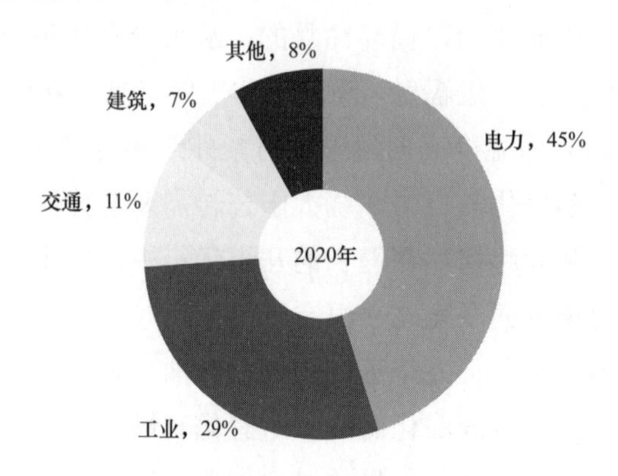

图1-2　我国不同行业碳排放占比

表1-1　我国2021年各种能源发电量对比

项目	总容量（GW）	发电量（亿kWh）	容量占比（%）	发电量占比（%）
火力发电	1297	52228	53.8	64.4
水力发电	391	13401	16.2	16.5
风力发电	328	6526	13.6	8.0
核能发电	53	4071	2.2	5.0
太阳能发电	306	3259	12.7	4.0
生物质发电	38	1637	1.6	2.0
总计	2413	81122		

在电气化发展的大方向下，未来的电力系统将形成以“可再生能源＋储能”为主的电力供给体系。可再生能源中风电、光伏具有显著的间接性和波动性的特点，在大规模并网之后，会对电力系统和电网的稳定性产生冲击。储能系统可以通过负荷管理进行电网调峰，可再生能源与储能系统的结合不仅可以有效地提升可再生能源发电的可靠性和稳定性，同时可以有效地降低电力系统的碳排放，推动碳中和目标的实现。

光伏发电就是把太阳能转化为电能，光伏发电具有显著的能源、环保和经济效益，是最优质的绿色能源之一，光伏发电可以从各方面助力国家实现“双碳”目标。

光伏产业本身能量回收周期短。光伏系统的能量回收期是指在全生命周期内消耗的总能量与光伏系统运行时每年的能量输出之比，光伏系统的能量回收期取决于两个方面的数据：一是制造、安装及运输过程中的总能耗，这主要取决于生产制造的技术水平和运行管理能力。二是光伏系统寿命期内的发电量，这主要取决于光伏电池系统的配置、系统安装位置和方式、当地太阳能资源情况和运行维护水平。

随着光伏发电技术的不断发展和规模化，目前光伏组件、系统制造过程中消耗的能量已经大大降低，能量回收期明显下降。光伏系统能量回收期测算的系统边界包括光伏系统各部件的生产制造、运输安装、运行的设备回收等各个环节，由于光伏系统能够实现无人值守，系统运行过程中不需要消耗原材料，不产生排放，光伏系统能耗最大的是组件，经测算，从上游石英砂开采、硅料、硅片、电池片到组件生产，对应的能量回收期为 0.58 年，再加上逆变器、支架、电缆、配电箱、变压器等配件，整套光伏发电的能量回收周期不到 1 年，而其使用寿命长达 30 年，也就是说在约 29 年里光伏发电都是零碳排放。

第 2 章　分布式光储微电网系统的发展情况

微电网的研究和应用具有重要意义，微电网可以促进可再生能源的并网，有利于可再生能源的发展，可以提高电力系统的安全性；有利于电力系统的抗灾能力建设，提高供电的可靠性；有利于提高电网的服务水平，延缓电网投资，降低网损；有利于建设节约型社会；微电网可以扶贫，有利于社会主义新农村建设。

2.1　微电网的技术发展趋势

从发展趋势上看，微电网向智能配电系统、主动配电网，以及能源互联网这三个方向发展。

1. 微电网与智能配电系统

目前，分布式发电技术、微电网技术和智能配电网技术分别处于不同的发展阶段，很多分布式发电技术已经成熟，并处于规模化应用中，微电网技术从局部解决了分布式电源大规模并网时的运行问题，同时能源效率优化与智能配电网的目标相一致，已经具备智能配电网的雏形，能很好地兼容各种分布式电源，提供安全、可靠的电力供应，实现系统局部层面的能量优化，起到承上启下的作用，相对于微电网，智能配电网是站在电网的角度来考虑系统中的各种问题，具有完善的通信功能与更加丰富的商业需求，分布式发电和微电网的广泛应用构成了智能配电网发展的重要推动力，智能配电网本身的发展也将更加有助于分布式发电与微电网技术的大规模应用。

2. 微电网与主动配电网

主动配电网（Active Distribution Network，ADN）为解决分布式电源接入带来的电压升高问题、增加分布式电源的接入容量、提升配电网的资产利用率提供了新的解决方案。主动配电网是采用主动管理分布式电源、储能设备和客户双向负荷的模式，具有灵活拓扑结构的公用配电网。配电网规划结果直接影响配电网投资、收益及未来年配电网运行的安全性、经济性、稳定性。为了合理规划分布式电源，协调分布式电源的优化运行，充分发挥分布式电源等新型电源及负荷的积极作用，需要配电网采取主动管理、主动规划。

随着微电网和主动配电网的发展，有源配电网必须主动，才能有效集成分布式电源，而主动配电网必须有稳定可靠的电源，才能发挥其自身实力。

3. 微电网与全球能源互联网

构建全球能源互联网，是能源安全发展、清洁发展、可持续发展的必由之路，全球能源互联网是以特高压电网为骨干，全球互联的智能电网，清洁能源大规模开发和利用。智能微电网作为能源互联网产业中的框架和技术基础，通过新型的综合能源服务模式，能够有效解决分布式能源接入电网的问题，推动新能源产业进步，实现能源优化配置以及微电网运行经济高效，并实现微电网与用户双向互动，提升用户服务质量，满足用户多元化需求，最终促进电网节能减排。

4. 行业向智能化方向发展

微电网行业将引进先进的电力设备，进行智能微电网的普及，数据采集与处理、运行维护、巡检等一站式服务，构建数字化、信息化、自动化、互动化的智能微电网系统。智能微电网结合先进的信息技术对微电网进行有效的控制，利用量测与传感技术对微电网系统进行监测，得到实时数据并优化其运行方式，再通过模型仿真分析，进行预测并合理分配电力，使得微电网运作效率大幅提升。智能微电网技术的应用将保障电力系统输电、变电、配电等环节的安全性及稳定性，大幅减少电力断供风险，提高风险应急能力。未来微电网将朝着智能化的趋势不断实现技术进步与改革创新。

5. 新能源发展与微电网应用加速结合

微电网行业发展与新能源行业有着密不可分的联系。微电网主要采用新能源与柴油机或燃气机进行发电。近年来，我国新能源利用率不断提高，技术持续进步，随着碳达峰、碳中和目标对于光伏发电等可再生能源的发展目标、发展方式、发展路径等方面持续深入的影响，各产业政策的持续发布为光伏、风电等新能源的发展提供了切实可行的建设依据，有利于促进新能源充分发挥产业优势，扩大市场规模，降低发电成本，在能源结构转型、实现“双碳”目标上持续发挥越来越重要的作用，同时也带动微电网应用的加速落地。

我国光伏组件产量连续 16 年位居全球首位，多晶硅产量连续 12 年位居全球首位，新增装机量连续 10 年位居全球首位，累计装机量连续 8 年位居全球首位。

2022 年我国光伏制造端（多晶硅、硅片、电池、组件）产值突破 14000 亿元，光伏产品（硅片、电池片、组件）出口额超过 500 亿美元，创历史新高，累计装机突破 380GW。2013—2022 年全球和我国的光伏安装量见图 2-1。

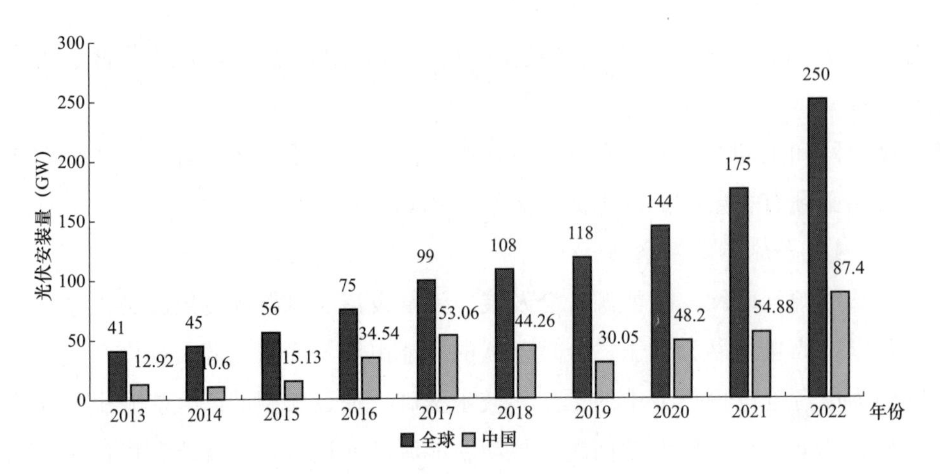

图 2-1　2013—2022 年全球和我国的光伏安装量

2.2　光伏组件产业链的技术发展情况

光伏组件的产业链分为上游、中游、下游。上游为光伏的基础原材料，硅原料经过热还原反应形成工业硅（也称为金属硅），再提纯成为多晶硅（也称为硅料）。中游为硅棒-硅片-电池片-组件，硅料经过加热、融化、拉晶后制成单晶硅棒或者多晶硅锭，再经过切片得到单晶硅片或多晶硅片（目前单晶是主流）。得到硅片后，再通过制绒-扩散-刻蚀-镀膜-丝网印刷-烧结-分选-镀膜等步骤，得到电池片，这是光伏组件的基本发电单元。电池片串联起来，再用 EVA（乙烯与醋酸乙烯酯的共聚物）胶膜和光伏玻璃粘在一起形成叠层，之后再将这个叠层放入铝制边框中进行封装、检测，得到最终的组件。下游是光伏发电的应用场景，通过将组件按照一定方式组装成光伏阵列，再与逆变器、配电柜、控制系统连接，接入电网输送电力。光伏行业产业链结构图如图 2-2 所示。

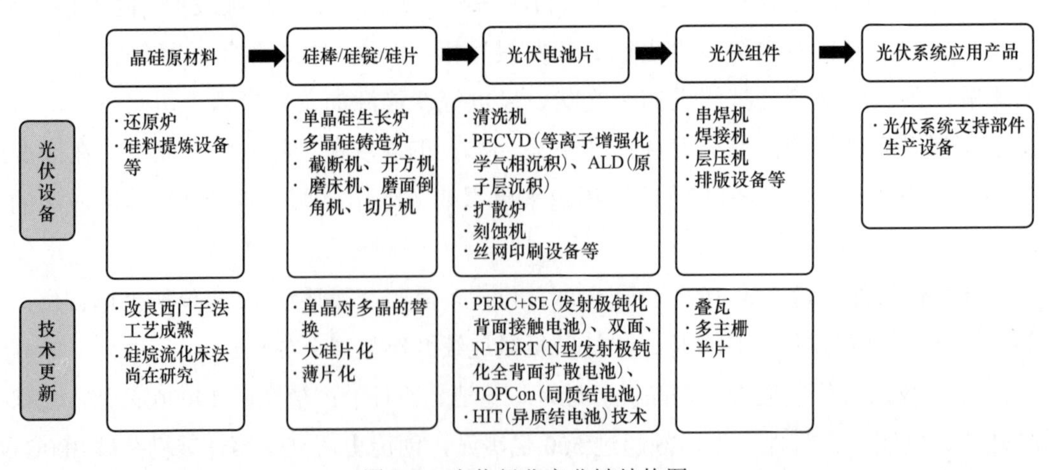

图 2-2　光伏行业产业链结构图

过去10年，光伏行业各种新技术不断取得突破，技术创新推动行业综合成本下降了90%以上，把光伏带入了全球平价的时代，但技术进步的脚步并没有停止。光伏产业具备科技制造的属性，技术的变革一方面带来生产效率的提升，另一方面也带来行业格局的变动，这个过程中蕴含着重大的机遇与风险。

从历史上看，新技术一旦跨过临界点，会以很快的速度替代老技术，而掌握新技术的公司，也会快速取代固守老技术的公司，成为新龙头。近年来最典型的技术革新，就是单晶硅片对多晶硅片的替代。单晶硅片有更好的发电性能，随着单晶粒晶技术、金刚线切片技术的产业化，成本大幅下降，对应的单晶电池和组件产品价格也快速下降，性价比优势显现，2016年单晶硅片市场份额占27%；2019年达到65%，首次超过多晶硅片；2022年提升到超过95%（数据来源：中国光伏行业协会）。展望未来几年，光伏组件产业链典型的技术革新，主要是N型电池对P型电池的替代。目前能看到的技术进步主要在硅料、硅片、电池片这3个环节。

2.2.1 硅料的技术发展情况

目前，硅料行业的主流生产方法是改良西门子法，也即通过改良传统的西门子法（早期硅料的生产技术源于德国西门子，因此称为西门子法）得来，这是目前国内外最普遍也是最成熟的方法。根据中国光伏行业协会的数据，2021年我国采用改良西门子法生产的多晶硅约占全国总产量的95.9%。改良西门子法技术成熟稳定，行业的技术发展目标主要是持续提高生产效率，提升产品质量，降低物耗、能耗，降低成本。但经过多年的发展，改良西门子法提效降本的空间已经有限。

而多年前的另一种技术叫硅烷流化床法（产物为颗粒硅，改良西门子法产物为棒状硅），该技术最近进步显著。两种技术的生产工艺过程相差较大，简单来说，改良西门子法用高温的高纯硅芯为载体，生成的多晶硅沉积在硅芯上，产物为棒状。硅烷流化床法将工业硅在硅烷流化床内转化为颗粒状的硅料。相比之下，硅烷流化床法（颗粒硅）的优点是投资成本低、温度低、能耗低、尾气易于回收利用、可连续投料生产、项目人员需求少等。缺点是生产过程易燃易爆，有安全隐患；产品的氢含量、碳含量较多，难以达到品质要求。

颗粒硅因为含有杂质，下游的硅片厂商将少量颗粒硅掺杂进棒状硅使用，因此掺杂比例有多高，决定了颗粒硅未来在硅料市场的占比能有多大。目前，颗粒硅技术的主导公司正在努力解决杂质问题，扩大产能，而节能低碳环保是颗粒硅最大的优势，更加符合全球碳中和的趋势。颗粒硅的产品杂质问题如果解决，凭借低成本的优势，很有可能大规模替代现有的改良西门子法技术，进而改变现有的竞争格局。

2.2.2 硅片技术发展情况

近年来最大的技术革新就是单晶硅片对多晶硅片的替代，目前单晶份额超过 90%，替代进程已经完成。硅片行业仍在进行的两大技术改良是大尺寸化和薄片化。

硅片的尺寸越大，对光的转换效率更高，进而提高发电效率，而且可以降低单位投资成本和能耗，摊薄非硅成本（即原材料以外的成本）。2019 下半年开始，硅片厂商陆续推出 182mm、210mm 的大尺寸硅片，2020 年这两类硅片占比仅为 4.5%，但大尺寸硅片快速渗透，2021 占比升至 50%，2022 年超过 80%。另一方面，硅片的厚度越薄，对硅料的消耗越少，越节约成本，且硅片柔韧性会更好，给后端的电池和组件环节带来更多的创新。大尺寸化和薄片化已经成为当前硅片环节的主要发展方向。

硅片切割是切片环节的主要工序，利用金刚线切割是硅片切割技术的主要方式。作为一种线性切割工具，金刚线的制造原材料主要包括母线、金刚石微粉颗粒，金刚线制造采用的母线材料基本上是高碳钢丝。经过多年发展，硅片切割使用的高碳钢丝金刚线的线径逐渐细化，目前已经到 35μm，接近物理极限。随着多晶硅涨价，其在硅片成本中的占比达到了历史高位，对于硅片企业而言，金刚线越细，切割硅棒时产生的多晶硅损耗就越少，越有利于节省成本。另外，在硅片向大尺寸化、薄片化方向发展的趋势下，叠加 N 型硅片发展趋势，更细的钨丝有利于减少对硅片损伤，提高切割效率。光伏硅片端降本最直接有效的措施即为省硅。硅片减薄是一个方向，金刚线细线径化也是另外的一大推力。以大尺寸硅片切割为例，2021 年上半年主流的金刚线母线直径为 42～47μm，目前已经下降到 36～40μm，有硅片企业还引进钨丝金刚线实现母线直径 32μm 的金刚线切割，从而进一步降低硅耗。

2.2.3 电池片技术发展情况

电池片的作用是将光能转换成电能，同等光照下，转换成的电越多越好，因此光电转换效率的高低是衡量电池片的最重要参数。现有的电池片技术有 2 大类，1 是 P 型，2 是 N 型，区别在于原材料硅片，P 型硅片掺杂了硼元素，N 型硅片掺杂了磷元素。目前 P 型电池占据了主流，PERC 电池就是 P 型电池中最主流的分支。P 型 PERC 电池的理论转换效率为 24.5%，目前实际生产中的转换效率已经接近 23.5%的瓶颈，再继续提升的空间较小，而且产业链配套非常成熟，产业化降本也越来越难。

在此背景下，行业急需应用新型电池技术，以继续降本增效，N 型电池应运而生。较 P 型电池而言，N 型电池可实现更高的理论转化效率，且具有寿命高、弱光效应好、温度系数小等优点，是产业升级的方向。当前 N 型电池技术主要包括 TOPCon（理论效率为 28.7%，目前量产效率为 24.5%）、HJT 异质结（理论效率为 27.5%，目前量产效率为

25.05%)、IBC（目前量产效率为 24%）三种。由于 IBC（背接触电池）电池工艺复杂、目前量产转换效率低、单位投资额高，因此中期来看最有可能替代 P 型电池的就是 TOPCon 或 HJT 异质结电池。尽管目前 N 型电池比 P 型 PERC 电池综合成本高 15%～20%，但随着工艺改善、设备原材料国产化加速、良率提升，预计综合成本会很快降低，到 2023 年底实现同瓦同价，从而替代 P 型电池。

对于 TOPCon 和 HJT 异质结，传统电池企业倾向于选择 TOPCon，因为 TOPCon 和现在主流的 PERC 产线重合度很高，在现有产线上仅需增加部分设备就能升级，可以极大降低投资成本，同时避免旧产线的废弃，因此短期内 TOPCon 的产能增速会快于 HJT。HJT 的优势是实际转换效率更高，缺点是投资成本更高，投资成本来自设备和材料，HJT 异质结设备的国产化较为成功，1GW 投资从过去的 8 亿元降至去年的 4 亿元，预计今年降至 3 亿元，材料端的银浆、靶材等辅材也在快速国产化降本。从中期角度看，HJT 异质结潜力更大，原因是转换效率更高且降本速度快。长期看，最有潜力的是 IBC 电池，其没有正面栅线遮挡，理论效率最高，同时可以叠加 HJT/TOPCon 变为 HBC/TBC（HJT＋IBC/TOPCon＋IBC，异质结无亚面栅线/同质结无亚面栅线），只是目前投资成本高，还需要时间。

2.2.4 组件的技术发展情况

光伏组件是最小的有效发电单位，是产业链最后一个环节，下游为终端装机客户。先进电池技术生产出的电池片只有在经过串联、封装之后才能最终应用到光伏发电系统中去。光伏组件的加工工艺包括串焊、排版、叠层、层压、装框、接线、清洗和测试八个工艺环节。其中最重要的是电池片的串焊和层压，串焊是将单个电池片通过金属导线串接起来形成电池组件，层压则是使用电池玻璃将串接好的电池组件封装起来。

在降本增效的驱动下，组件环节出现了较多的新型技术，主要包括三个方面：

（1）减少封装带来的效率损耗，目前以半片工艺为主要代表；

（2）提高光电转换效率，以 MBB 和无主栅技术为代表；

（3）提高封装密度，增加电池片受光面积，以叠瓦技术为代表。

2.3 钙钛矿型太阳能电池

钙钛矿型太阳能电池（Perovskite Solar Cells）是利用钙钛矿型的有机金属卤化物半导体作为吸光材料的太阳能电池，是继晶硅 PERC、TOPCon、HJT、IBC 之后第三代太阳能薄膜电池，也称作新概念太阳能电池。

太阳能技术发展大致经历了三个阶段：第一代太阳能电池主要指单晶硅和多晶硅太阳

能电池，其在实验室的光电转换效率已经分别达到 25%和 20.4%；第二代太阳能电池主要包括非晶硅薄膜电池和多晶硅薄膜电池。第三代太阳能电池主要指具有高转换效率的一些新概念电池，如染料敏化电池、量子点电池以及有机太阳能电池等。

2.3.1 钙钛矿太阳能电池结构

钙钛矿太阳电池结构包括 FTO 导电玻璃、TiO_2 致密层、TiO_2 介孔层、钙钛矿层、HTM 层、金属电极。

在接受太阳光照射时，钙钛矿层首先吸收光子产生电子-空穴对。由于钙钛矿材激子束缚能的差异，这些载流子或者成为自由载流子，或者形成激子。而且，因为这些钙钛矿材料往往具有较低的载流子复合概率和较高的载流子迁移率，所以载流子的扩散距离和寿命较长。

然后，这些未复合的电子和空穴分别被电子传输层和空穴传输层收集，即电子从钙钛矿层传输到等电子传输层，被 FTO 收集；空穴从钙钛矿层传输到空穴传输层，被金属电极收集。当然，这些过程中总不免伴随着一些使载流子的损失，如电子传输层的电子与钙钛矿层空穴的可逆复合、电子传输层的电子与空穴传输层的空穴的复合（钙钛矿层不致密的情况）、钙钛矿层的电子与空穴传输层的空穴的复合。要提高电池的整体性能，这些载流子的损失应该降到最低。

最后，通过连接 FTO 和金属电极的电路而产生光电流。

2.3.2 钙钛矿太阳电池的优势

材料可以不断迭代是钙钛矿最大的优势。1954 年，硅晶体管问世，至今，晶硅材料从未发生丝毫变化；钙钛矿则不同，2009 年，日本科学家首次用钙钛矿太阳能电池发电，此后 10 年，它的配方多次更迭，已发生天翻地覆的变化。

钙钛矿光电转化效率是一个渐进过程，但相比晶硅，演进速度则快了很多。钙钛矿用了大概 10 年的时间，将转换效率从最初的 3.8%提升至 2022 年 12 月超过 25.6%的实验室效率纪录（22 年中），赶上了过去晶硅四五十年的发展，这在光伏技术发展史上从未有过。支持这种快速进步的，正是钙钛矿材料和结构的不断改善。

1. 光电转换效率极限值高

经过几十年的改进，太阳能电池在继续提高晶硅电池的转换效率方面遇到了重大瓶颈；光伏材料在将太阳能转化为电能方面有一个极限，这个极限的高低取决于它们的带隙，即将电子从材料中释放出来，使其成为电荷载流子在电路中流动所需的能量。晶体硅的带隙为 1.1eV，这意味着来自太阳、能量小于 1.1eV 的光子不能释放电子，高于 1.1eV 的光子仍可产生电荷载流子，但超过 1.1eV 的部分光子能量将以热能的形式浪费掉。从 1954 年美国贝尔实验室研制出第一个实用的晶硅太阳能电池起，其在实验室可实现的最高转换效率就在27%左右。

钙钛矿是直接带隙材料，吸光能力远高于晶硅材料。新式钙钛矿光伏电池的单层理论效率可达31%，钙钛矿双结叠层电池转换效率可达35%，钙钛矿三结叠层电池理论转换效率可达45%以上。而如果掺杂新型材料，钙钛矿电池的转换效率最高能达到惊人的50%，是目前晶硅电池的2倍左右。

2. 产业链短、投资少

钙钛矿电池/组件生产过程与晶硅大不同，更具经济性。不同于晶硅路线要经历硅料、硅片、电池片、组件四个环节方可制备晶硅组件，钙钛矿组件制备只需要单一工厂，且生产过程耗时较晶硅大幅缩短，能耗也大为降低。

钙钛矿电池工厂，从玻璃、胶膜、靶材、化工原料进入，到组件成型，总共只需45min。而对于晶硅来说，硅料、硅片、电池、组件需要4个以上不同工厂生产加工，倘若所有环节无缝对接，一片组件完工大概也要3天时间，用时差异很大。

以1GW产能投资来对比，晶硅的硅料、硅片、电池、组件全部加起来，需要大约9亿、接近10亿元的投资规模，而钙钛矿1GW的产能投资，在达到一定成熟度后，约为5亿元，是晶硅的1/2。

成熟状态下，吉瓦级量产后，钙钛矿太阳能电池/组件设备投资与单瓦成本都将显著低于晶硅路线。

（1）投资成本：光伏领域不同规模产能的成本差异较大，随着产线产能的提高，平均建设成本将显著降低。目前纤纳光电运行的20MW产线投资额为5050万元，新建的100MW产线投资额为1.21亿元，产能提升至原先5倍，投资额仅提升至原投资额的2.4倍。5～10GW级量产钙钛矿电池投资额约为5亿元/GW。与之相比，晶硅设备投资包括硅料设备、硅片设备、电池与组件设备，整套产业链设备投资额达到9.6亿元/GW左右。

（2）单位成本：在现有的工艺条件下，100MW中试线制造的钙钛矿光伏组件的制造成本预计将低于1元/W，其中钙钛矿材料成本占比仅3.1%左右。当产能扩大到1GW以上时，下降到每瓦0.7元左右，5～10GW级别量产，组件成本可降至0.5～0.6元/W，未来量产级别提升，还有下降空间。而晶硅成本中，受硅料价格上涨影响，目前硅料占比达到60%以上，晶硅组件成本达1.89元/W。也就是说，量产的情况下，投资成本与生产成本钙钛矿组件比晶硅组件便宜50%以上。

3. 原料优势

从原材料视角，钙钛矿是直接带隙材料，吸光能力远高于晶硅材料。晶硅组件中的硅片，厚度通常为180μm，而钙钛矿组件中，钙钛矿层厚度大概是0.3μm，这里有三个数量级的差异。对比晶硅，如果把50万t硅料完全替换成钙钛矿，大概1000t就可以满足需求，所以，钙钛矿原料没有任何瓶颈，一是用量少，二是不存在稀缺性。

太阳能级的硅料，纯度需要达到 99.9999%（6 个 9），现在还有把标准纯度拉升至了 99.99999%的（7 个 9）。但对于钙钛矿，只需要 1 个 9（95%）即可满足使用需求，这一个 9，不仅会降低能耗，同时对于稳定性也会有一个根本提升。

从能耗角度，有一个数字可供对比——每 1W 单晶组件制造的能耗，大约是 1.52kWh，而钙钛矿组件能耗为 0.12kWh，单瓦能耗只有晶硅的 1/10，这是一个显著优势。

从综合成本角度，相比于晶硅，钙钛矿也有很大优势——单片组件成本结构中，钙钛矿材料占比仅约为 5%，总成本为 0.5～0.6 元，是晶硅极限成本的 50%。

2.3.3 钙钛矿电池的劣势

尽管在理论上、实验室中钙钛矿电池有相当大的优势，可是从产业化角度来看，钙钛矿电池仍处于萌芽状态。这是由于其本身存在两个短板，即稳定性较差和大面积应用时的效率损失。

1. 稳定性较差

尽管在实验室中，钙钛矿电池可以实现较高的光电转换效率，但其在实际应用中，仍受到诸多条件的制约。业内正在从多方面努力，以解决钙钛矿电池面临的问题。以稳定性问题为例，解决该问题最直接的一种手段，就是针对钙钛矿材料本身的改性。即通过结构设计、元素替换、添加掺杂等手段，让材料本身变得稳定，提高材料的本征稳定性。另一种可行的手段，是通过工艺和工程手段隔绝外界的不稳定因素，即隔绝水、热等环境因素，从而减少乃至避免外界不稳定因素对于材料和器件的影响。

2. 效率损失

除了稳定性问题外，大面积应用时的效率损失问题是钙钛矿电池的另一个短板。在效率上，其实钙钛矿电池完全可以进行商业化应用。但是如何从实验室的小面积，扩展到实际应用场景中的大面积，是其商业化需要面临的一个严峻挑战。目前，实验室里制造的钙钛矿电池只有指甲盖大小，与市场需要的太阳能电池在尺寸上相距甚远。

钙钛矿材料本身的结晶时间短，生产中的工艺窗口时间只有几秒，造成了生产上的困难。除此以外，在制备钙钛矿电池的过程中，一个坏点、一个灰尘都有可能影响整个电池面板的效率，影响了其大面积应用时的效率。

目前来看，钙钛矿电池制备技术需要解决如何让钙钛矿的薄膜更加致密平整；以及如何保证环境清洁，避免灰尘等因素干扰，提升良品率两个问题。设计更为先进的制备技术，能有效保证钙钛矿电池在大面积应用时的效率。

3. 电池寿命不长

据了解，目前已报道的钙钛矿电池最长工作寿命往往只能达到几千小时，远低于晶硅电池，目前业界主要精力集中在产品封闭，因为不同的封装，会带来不同的衰减效果。

4. 没有大规模量产

钙钛矿最明显的缺点就是它还没有量产，也就是说在还没有真正实现量产的时候它从设备到材料的体系到工艺，都有一些不确定性。这些不确定性中有一些环节相对好一点，比如 PECVD、激光这些在面板行业和传统薄膜光伏行业都有参照；但钙钛矿的结晶工艺是一个全新的工艺过程，是在别的行业里找不到类似的东西，会带来很多不确定性。

2.3.4 钙钛矿电池的应用价值

在钙钛矿电池的未来应用方面，钙钛矿技术最有价值的应用场景是在大规模光伏发电领域。钙钛矿材料具有弱光效率高的优势，在阴天弱光的条件下，钙钛矿材料不仅可以吸收短波光，还可以将能量转化效率保持在相对稳定的状态。钙钛矿材料的这一特点使得钙钛矿电池作为一种薄膜型光伏电池，可以做成单层电池。钙钛矿电池需要硅料极少，在量产前，晶料价格将大幅下降，钙钛矿电池的厚度仅为晶硅电池的千分之一，柔性轻便的特质使其具有丰富的应用场景，例如用于穿戴式发电装置、光伏玻璃建筑一体化、野外临时发电设备等，甚至可以运用于太空发电。

钙钛矿电池还可以叠加在各种电池材料表面，形成叠层电池，从而有效提高太阳光的利用效率，钙钛矿电池和晶硅电池组成 HJT 异质结叠层电池，效率将提升 3%以上，目前 N 型组件中，TOPCon 和 HJT 相持不下，效率相差不多，但产线投资 HJT 是 TOPCon 的 3 倍，但如果钙钛矿 HJT 异质结叠层电池成熟，TOPCon 的优势将不明显，有可能被取代。

2.3.5 钙钛矿电池技术进展

目前，钙钛矿电池正在加快产业化探索，单结钙钛矿电池百兆瓦级产线建设需求增加，叠层电池目前多处于研发试验阶段。钙钛矿单结电池方面，2021 年以来百兆瓦级产线建设及规划数量明显增加。2021 年首条协鑫光电百兆瓦级产线建成投产，推动行业内其他企业的百兆瓦级产业化进程，纤纳光电、极电光能、万度光能均在 2021 年通过融资等方式投建百兆瓦级产线，2022 年纤纳光电 100MW 产线落地。还有多家公司均在推进其试验/中试线进程，规划百兆瓦级产线预计在 2023—2024 年落地。

钙钛矿电池是第三代电池，钙钛矿材料在光伏产业的应用主要有两个技术方向：单结和叠层。单结钙钛矿技术与其他薄膜技术相似，但制造成本有望低于目前已产业化的薄膜技术。钙钛矿与晶硅相结合的叠层技术兼具高转换效率和低制造成本的优点，有望成为未来光伏产业的技术发展方向。

2.4 储能技术的发展

2.4.1 储能逆变器情况

储能逆变器主要有三种类型，根据性能应用在不同场合分为离网储能、并网储能、并离网储能；按能量集中方式，分为直流耦合和交流耦合两种方式，直流耦合采用控制逆变器一体机，交流耦合采用并网逆变器和双向变流器。主要储能设备有光伏控制器、离网逆变器、离网控制逆变一体机、并离网控制逆变一体机、双向变流器带储能接口的并网逆变器。

1. 离网逆变器

按功能分为家用经济型、单相小功率离网型、三相大功率离网型 3 种。

（1）家用经济型。功率为 100～1000W，输出一般采用方波，无工频隔离变压器，低档设备，主要负载是灯泡等电阻性负载，适合于边远贫困山区家庭使用。

（2）单相小功率离网型。功率为 1～10kW，输出正弦波，带工频隔离变压器，中档设备，可以带空调、洗衣机等感性负载，适合于无电地区比较富裕的家庭使用。

（3）三相大功率离网型。功率为 10～100kW，输出正弦波，带工频隔离变压器，高档设备，可以带感性和容性负载，适合于无电地区和经常停电的地区，如海岛、基站、边哨等地方，有较大的负载设备。

2. 带储能接口的并网逆变器

并网型储能逆变器是从并网逆变器直流母线端引入储能接口，接入 DC-DC 双向直流变换器，最后接入蓄电池系统中，能量汇合方式是直流耦合。

有一些国家，光伏发电没有补贴，储能有补贴，或者光伏上网电价很低，但用电价格很高，而且光伏发电和负载用电不在同一时间，这时候就需要安装一套并网储能系统，把白天光伏发出来的电储存起来，晚上有需要时再释放出来。

并网型储能，效率很高，适应用电价较高、很少停电的地区。

3. 并离网储能一体机

并离网储能一体机包括控制器和逆变器，硬件和离网控制一体机差不多，主要特点是不仅可以离网使用，还可以并网发电，能量汇合方式是直流耦合，目前 30～500kW 之间的离网系统，也经常采用并离网储能一体机去搭建。价格比纯离网逆变器要贵一些。

4. 双向变流器

配合并网逆变器，搭建交流母线耦合储能系统，有单相和三相两种。功率范围很宽，从几千瓦到几兆瓦，适合于已建的光伏电站和大型光伏电站、电源侧储能项目。

直流耦合和交流耦合对比如下。

（1）在光照好时，直流耦合可以充分利用超配削峰的电能来充电，减少电量损失，超配减少的费用可以弥补加装储能的费用。

（2）在光照一般时，直流耦合系统，光伏和蓄电池可以同时逆变，让光伏平滑输出，这个实现的难度要比用交流耦合低很多。

（3）双向 DC-DC 变换器比双向 DC-AC 变换器，成本更低，效率更高。

（4）交流耦合，并网逆变器和储能逆变器不需要 1:1 配置，光伏和储能比例灵活。

2.4.2 集装箱式储能安全设计

在国家“双碳”目标下，以光伏、风电为代表的新能源蓬勃发展，随着光伏、风电大量的接入，电网的调频、调峰资源需求急剧上升，储能系统在解决新能源消纳、增强电网稳定性、提高配电系统利用效率等方面发挥的作用日益重要。电化学储能锂离子系统，由于部署环境要求低，适用场景多，其应用规模正在快速增长，在大规模应用的同时，储能电站的安全问题也引起人们的普遍关注。

新能源电源侧储能、电网侧储能、大型离网和微电网储能电站，常采用集装箱式储能，数万支电芯通过串/并联的方式，安装在集装箱内，锂电池正负极之间只有一层很薄的隔膜绝缘，电气隔离主要依赖绝缘材料和电气开关，绝缘材料在高温下有可能碳化，变成导电材料，隔离开关在高压下也可能击穿，功率器件开关管，在反向高压、浪涌冲击下，也有可能非正常导通。在长期数千次的充放电循环中，尤其是过充过放过温状态下，有可能造成电芯短路故障，局部失控，其中任何一个电芯出现安全问题，如果没有严密的安全防护措施提前应对，都可能引起系统的连锁反应，造成爆炸事故。

增加绝缘材料和强度，构建储能电站的防护安全墙，有可能解决储能电站的安全问题，但会增加电站的成本，不利于储能的大规模推广应用。集箱箱式储能的安全问题，需要从系统方案、材料选型、安防设计等多方面着手，才能综合兼顾安全和成本两个重要指标。目前储能电站采取的主要安全技术和措施有新型模块化储能技术，气凝胶（Aerogel）隔热绝缘材料，传统的电气保护、锂电池热管理和高效消防安全系统等。

1. 模块化储能技术

第一代锂电池将组合电池包 PACK 简单串联成簇，第二代锂电池在一代锂电的基础上增加了部分智能电池管理单元。然而锂电池系统的直流母线高压与电池绝缘风险、簇间放电不均流、梯次电池无法混用等一系列问题无法彻底解决，给锂电池的安全稳定应用不能安全保障。新型模块化储能，每一个电池模组对应一个 BMS（电池管理系统），配备的电气物理双隔离、故障模块自动退出、电池绝缘失效预警等多重功能，保障了锂电池的安全性和可靠性，模块自适应主动均流，支持梯次电池混用和不同品牌电池混用、分期扩容及分钟级维护，一举解决了锂电池诸多应用难题。

2. 气凝胶隔热绝缘材料

气凝胶是一种具有纳米多孔网络结构、并在孔隙中充满气态分散介质的固体材料，是世界上最轻的固体。气凝胶被公认为是世界上已知的质量最轻的固体材料，是新一代高效节能绝热材料。气凝胶兼具阻燃性能高、体积轻及用量少的特点，成为动力电池电芯隔热材料的最佳选择，目前已经被电池企业和新能源汽车厂家所采用。在电芯之间以及模组、PACK 的上盖采用气凝胶防火隔热材料。模组层面的安全设计主要是隔离，也就是通过隔离对问题单体分开处理，这就是模组的隔热隔火设计。模组热失控管理主要依靠单体电池之间的气凝胶实现。气凝胶通过 PETT（热塑性聚酯）封装，整体热导率小，可以很好地延缓单体之间的热量传递，通过将个别出现问题的电芯隔离，杜绝影响其他单体电芯，从而保障了电池模组层级的安全。

3. 传统的电气保护

储能电站的保护分区，直流侧分为直流储能单元保护区、直流连接单元保护区和汇流区；交流侧分为交流滤波保护区和变压器保护区。相邻保护区之间存在相互重叠的部分，保证了所有电气设备均在保护范围内。保护区的划分与继电保护的配置密切相关，一方面保护区内电气设备的类型不同，发生故障后的电气量及非电气量的特征不同；另一方面，相邻保护区间配合随着保护区划分的不同也存在巨大的差异。因此，储能电站保护的配置及配合都建立在保护分区的基础上。

（1）直流储能单元保护配置：过欠压保护、热保护及过流保护、电压电流变化速率保护、充电保护；

（2）直流连接单元保护配置：配置熔断器、低压直流断路器、低压直流隔离开关及中跨电池保护，对于多储能单元，直流连接单元尽量分开连接，避免发生故障时损失更多的供电容量；

（3）双向变流器保护配置：输入及输出侧过欠压保护、过频及欠频保护、相序检测与保护、防孤岛保护、过热保护、过载及短路保护。

4. 电池热管理

为了满足项目现场环境、电池组及配套设备的正常使用，集装箱通过以下几个方面进行热管理控制，主要含空调、热管理设计、保温层等方面，热管理系统，使集装箱内的温度能保证电池组及配套电气设备的正常运行。

集装箱内的温度控制方案如下：通过温度探头实时监测集装箱内各设定点的温度，当设定点的温度高于空调的设定启动温度时，空调运行制冷功能，并通过特制的风道对集装箱内部进行降温，温度达到设定值的下限时，空调停止工作。当设定点的温度低于空调的设定启动温度时，空调运行制热功能，并通过特制的风道对集装箱内部进行升温，温度达到15℃，空调停止工作。

电池在运行过程中由于内部电化学反应存在和环境温度升高的影响，会提升电池的内腔温度而使反应加剧；而在高寒地区，由于环境低温的影响，也会降低电池内的反应速度。前者可能导致热失控而使电池提早失效并产生安全问题，后者也会降低电池的充放电能力和效率。

5. 高效消防安全系统

相较铅酸电池，同体积的锂电池密度更大，储存能量更多，爆燃起火后，其火焰呈喷射状，火源温度也更高，同时还会释放大量有毒有害气体，因此安全隐患更大。扑救锂电池火灾时，一要及时扑灭明火，避免火灾快速蔓延；二要降低热失控反应速率，使锂电池内部热失控反应产生的热量有序释放；三要持续降低锂电池温度，避免锂电池火灾发生复燃和快速蔓延。

集装箱内集成消防装置，多采用不低于三级的架构，包括预警、告警和动作，消防系统的装置，包含探测控制器，消防控制箱、声光报警铃/灯、温度及盐雾传感器、全氟己酮气体灭火装置。探测控制器的安装原则应选择靠近电池组位置，结合实际机架的结构，可以选择电池柜上顶部空间进行安装。灭火器装置采用柜式七氟丙烷灭火器和气溶胶灭火装置。其中，柜式全氟己酮安装在电池室内，气溶胶自动灭火系列装置安装在电器室内。

集装箱内配置全氟己酮消防装置，烟雾传感器、温度传感器一旦检测到高温火灾故障信号，集装箱可通过声光报警和远程通信的方式通知用户，同时，切掉正在运行的锂电池成套设备。30s后消防装置释放全氟己酮气体灭火。集装箱内逃生门上需要显著的指示：消防警示信号响起后请30s内离开集装箱。

气溶胶自动灭火系列装置是一种新型热气溶胶灭火装置，是一类具有超高灭火效能和可靠性的消防领域突破性产品。火灾发生时，消防热气溶胶自动灭火装置通过电启动或感温启动方式引发灭火药剂发生作用，迅速产生大量亚纳米级固相微粒和惰性气体混合物，以高浓度烟气状立体全淹没式作用于火灾发生的每个角落，通过化学抑制、物理降温、稀释氧气多重作用，快速高效扑灭火灾，对环境及人员无毒害。

气溶胶还能够做到三级防火保护，以电池簇为防护单元，采用集中式气体探测采样分析，通过预设在每个PACK箱内的探测器，实时探测锂电池内部化学成分的变化，由芯片对各种参数的变动情况进行分析计算，对电池箱内的电芯进行有效的火灾较早期抑制防控，以阻止锂电池热失控扩展及储能柜爆炸。

（1）电池模组消防：根据电池模组尺寸和电芯容量，将气溶胶安装于电池模组，可有效扑灭电芯第一次着火（第一级防护），电池从内而外灭火是最有效的灭火方法，可以令热失控损失减至最低；

（2）电池机柜消防：将气溶胶安装于电池柜，防护空间3m，可有效扑灭电池柜内第二次复燃或电气起火（第二级防护）；

（3）储能集装箱消防，集装箱内可以安装气溶胶组来作为全体防护，作为整箱火情的抑制（第三级防护）。

有了第一级和第二级防护，第三级防护启动机会大幅减低，提高整体消防安全性。

2.4.3 储能液冷技术发展情况

锂电池储能系统的冷却方式，关系到系统的安全、成本和效率等多个方面，目前主要的冷却方式有自然冷却、强制风冷和液冷三种方式，分别应用在不同的场合，在大型集装箱储能规模化应用中，液冷储能系统受到较多关注。那么，各种冷却方式应该如何选择，需要综合考虑系统的安全、效率、经济性等各方面。

1. 自然冷却

自然冷却是利用金属材料的高导热性来带走热量，并将热量散发到空气中的冷却方式。即在没有特定风速要求的情况下自然对流，使用的散热片是铜铝板材、铝挤压件、机加工或合金铸件。

2. 强制风冷

强制对流用于散热，是在有特别风速要求的情况下，风速可通过专用或系统级的风扇实现对流。配置风扇散热器、高密度齿片组件以及换热器可产生对冲或者交叉气流环境，实现加速带走热量，提高散热效率。风冷还可以配合流体相变散热技术来使用，流体相变一般采用封闭铜热管，通过沸点低的液体快速循环蒸发和冷凝来进行散热。如果产品有高密度和空间限制的情况下，在散热器中集成了热管可进一步提高散热能力。

3. 液冷技术

液冷应用是指使用在热源处安装的液冷冷却板（也叫水冷散热板），配合热交换器和换热泵，以流体循环方式散热。一般情况下，液冷技术应用在强制对流或相变系统不能达到散热效果热能量密度极高的环境中。三种散热方式的对比见表 2-1。

表 2-1　　三种散热方式的对比

项目	介质	体积	成本	效果
自然冷却	散热器	大	小	低
强制风冷	风扇散热器风道	较大	较高	较好
液冷技术	液冷板、热交换器、换热泵	小	高	很好

在储能系统中，目前小功率的系统，如充电宝、手机、手提电脑等，一般采用自然散热的方式；中功率系统，如便携式电源、户用储能系统、UPS、工业中小型集装储能等，一般采用强制风冷的方式；电动汽车储能系统，一般采用液冷技术。目前中大型储能系统，

也开始采用液冷技术。

储能系统主要指电池储能系统，一般是由电池系统、PCS系统、BMS系统、监控系统等组成。其中电池系统由电池单体经过串并联组成，按照目前常见的40ft（12m）2.5MWh风冷储能集装箱计算，大约需要120Ah的电芯6510个，280Ah的电芯2790个，数千个电芯堆放在一起工作，而储能系统充放电效率约为90%，运行时会产生大量的热量，这些热量需要及时散发出去，否则会影响电池寿命，甚至出现热失控，进而带来火灾风险。

目前，储能领域温控技术主要包含风冷和液冷两种。风冷散热技术是从空调延伸过来的，液冷技术则是从电动汽车借鉴而来。风冷散热通过风扇将电芯产生的热量带到外部，液冷散热通过冷却液对流换热，可以对每一个电芯进行精准温度管理。储能系统最早普遍采用风冷技术，因为该技术结构简单、技术成熟、成本低廉，可实现快速交付；但风冷系统体积较大，受外部环境影响较大，在系统安全、效率和经济性方面存在不少难题，液冷储能的出现正好解决了上述难题。

（1）储能液冷系统原理。液冷系统是当前动力电池热管理的热门研究方向，利用冷却液热容量大且通过循环可以带走电池系统多余热量的性能，实现电池包的最佳工作温度条件。液冷统的基本组成包括液冷板、液冷机组（加热器选配）、液冷管路（包括温度传感器、阀门）、高低压线束，冷却液（乙二醇水溶液）等。

电池包的冷却回路一般都采用并联回路，减少电池包之间的温差；电池包一般都是采用大的电池箱（30～50kWh/Pack），提高系统集成度，降低成本；液冷机组布置有分布式和集中式两种。分布式采用一簇或两簇配置一台液冷机组，一般用于单个户外柜；集中式采用一个集装箱系统配置一台或2台液冷机组。

（2）储能液冷系统主要优势。

1）更安全。随着储能项目建设规模的不断增大，电池单体容量和系统能量密度都随之提高，即使采用大容量电芯，建设百兆瓦的储能项目仍然需要十几万甚至几十万个电芯组合在一起，这将会产生更大的热量，对储能系统温控管理也提出更高要求。液冷储能技术含量高，通过冷却液对流直接对电芯散热，方式可控，不受外界条件影响，而且散热效率高，对温度的控制更精确。由于空气比热容、对流换热系数小等因素，电池风冷技术换热效率低，电池发热量增大，会导致电池温度过高，存在热失控风险；液冷方案可以依靠大流量的载冷介质来强制电池包散热和实现电池模块之间的热量重新分配，可以快速抑制热失控持续恶化，降低失控风险。

2）更经济。储能系统集成设计除了安全，还要考虑全生命周期的运行维护，液冷储能系统经济性更优。储能系统运行产热大且散热不均，除危及电池储能系统安全外，还会影响电池寿命。通过簇级控制器和智能温控均衡控制技术，储能液冷系统可通过管道的设置和液体流量的设置，使得电芯的温度更均匀。为了达到相同的电池平均温度，风冷需要比液冷高 2～3 倍的能耗。相同功耗下电池包的最高温度，风冷比液冷要高 3～5℃，液冷的功耗更低。

3）更适合长时储能。从 2021 年以来，全国各地陆续出台了多项储能配比的相关政策，其中涉及两个指标，一个是功率占比，一个是储能时长，功率占比从 5%～30%不等，储能时长从 1～4h 不等。4h 电池储能系统如果继续采用风冷散热技术，虽然其结构简单、成本较低，直接通过风扇将电芯产生的热量带到外部，但存在换热系数低、冷却速度较慢、需要大面积的散热通道等弊端，其面积将巨大。液冷技术具有热导率高、散热更均匀、能耗较低、占地面积少等优势，液冷储能系统集装箱解决方案、散热效率高，相较于传统风冷集装箱，功率密度提升 100%，节省占地面积 40%以上，更适合大规模和长时储能场景应用。

2.4.4 钠电池应用与发展趋势

钠电池（Sodium-ion battery）是一种可充电电池。钠电池是一种新型二次电池，其组成结构与锂电池相似，主要包括正极材料、负极材料、电解液和隔膜。钠电池主要通过 Na^+在电池正、负极之间来回地脱出和嵌入来实现充放电过程。在充电时，Na^+从正极材料脱出，经过电解液和隔膜嵌入到负极材料，此时，外电路中电子从负极流向正极。钠电池放电过程与充电过程相反。锂电池则是通过 Li^+在电池正、负极之间来回地脱出和嵌入来实现上述过程，因此两者工作原理相似。

钠电池封装方式与锂电池相似，可划分为圆柱、软包装和方形硬壳三类。其中圆柱电池的封装材质为圆柱铝壳或钢壳，目前常见的圆柱锂电池型号包括 18650、21700、17490 等，不同型号的电池因其内部装配结构的不同在性能上有所差异；软包电池的封装材质为铝塑膜，其在安全性、重量、电池设计的灵活性等方面具有一定的优势，但其成本较高，且一致性较差；方形硬壳电池的封装材质为方形铝壳或钢壳，其具有比能量较高、重量较轻的特性，但其生产工艺难以统一，一般根据产品尺寸进行定制化生产。

我国钠电池产业化发展迅速，处于领先地位。近十年来，钠电池受到学术界和商业界的大量关注，截至 2022 年底，全球从事钠电池及其相关材料研究的公司已有 200 家。我国企业在钠电池产业化进程中处于领先地位，在 2019 年已经完成全球第一条钠电池生产线，成功实现量产。

钠电池配套与技术日趋完善。钠电池技术初步成熟，截至 2022 年底，钠电池的单体能量密度已达到 150Wh/kg，后续潜力有望达到 200Wh/kg。循环性达 4000 次，已接近当前动力锂电池的循环性能水平。另外，2021 年 6 月，全球首套 1MWh 钠电池光储充智能微电网系统在山西太原正式投入运行。

钠电池有众多优势，未来可期。

首先，钠电池成本优势强，钠资源非常充足。反观全球锂资源则分布不均，对我国供应存在问题：目前全球将近66%的已探明锂资源储量分布在南美洲和大洋洲，尽管我国锂资源储量位居全球第6，但难以满足国内市场的巨额需求。2020年，澳大利亚和智利占据了全球74%的锂产量，全球锂资源供应集中度极高。况且，目前我国锂电池核心原材料如锂精矿对外依存度仍高，近77%的核心原材料依赖海外进口。相较于锂资源0.0065%的地壳丰度，钠资源的地壳丰度高达2.5%，不仅是地壳中第六丰富的元素，且在全球分布较为均匀。钠元素在全球的分布非常均匀，地球中的钠含量占比为2.5%～3.0%，大约是锂元素的1000倍。其价格受市场需求的影响也会波动更小。

其次，钠电池成本优势明显。钠电池理论成本相比锂电池可降低30%～40%。从现有成本来看，磷酸铁锂电池成本预计在0.5～0.6元/Wh，随着未来钠电池量产，成本有望降低到0.2～0.3元/Wh，原料成本有很大优势。不仅如此，钠电池正极材料规避了钴、镍等金属，目前采用成本更低的铁锰铜体系，由于钠离子不会与铝形成合金，因此集流体可以选择铝箔，这使得钠电池比锂电池具备成本优势。

再次，钠电池与锂电池的工作原理相似，产业化在提速。钠电池制造工艺和锂电池工艺相近，电池厂切换技术路线无重置成本，对主要材料的影响体现在集流体（铜箔切换为铝箔）、正极（铁锰铜/镍钠、磷酸铁钠）、添加剂（六氟磷酸锂切换为六氟磷酸钠）等。

最后，钠电池应用前景广阔。电动车市场上，铅酸电池被替代趋势不可逆。此外，随着“十四五”期间可再生能源大批量投产与使用，对储能的需求越发强烈，使钠电池市场化更快走进我们的生活。锂电池和上游材料企业进场后，产业化进程会大幅提速。预期在未来3～5年，钠电池产业链会基本成形，钠电池相关供应、相关技术效能、相应的电池配备系统也会更加成熟。

综上所述，钠电池定位储能及铅酸替代和锂电池形成优势互补。钠电池成本低廉，加之可以安全放电至0V，在安全性、电解液导电性、高低温性能、储存和运输等性能方面展现出优于锂电池的潜力。钠电池有望运用在储能、基站、电动自行车、低速电动车等领域。

2.4.5　便携式储能电源

便携式电源又称户外移动式电源、户外便携式电源、便携式户外电源，是一种替代传统小型燃油发电机的、内置锂电池的小型储能设备，主要结构包括电芯、锂电池、电子元器件、传感器、PCB（电路板）、电感电容、储能逆变器、结构件、太阳能板、电源管理系统等。

1. 特点

区别于常规充电宝，有以下几个特点：

（1）容量大：主流的便携式电源电量在0.2～5kWh之间，输出功率在0.3～2kW之间。

（2）接口多：除了给手机充电的DC 5V接口外，通常还有220V交流接口，DC 12V给数码电子设备充电，DC 20V给手提电脑充电。

（3）充电方式多：市电充电、光伏充电、车载充电。

2. 应用场合

不同场景用电需求的升级，催生了便携式户外电源的强势发展。尤其近两年，户外自驾游、户外作业，甚至医疗应急、家庭断电应急，处处都能看见便携式户外电源的应用。

（1）贫困地区照明用电：为东南亚、非洲、拉丁美洲中的贫困国家的贫困地区，提供照明和手机充电等功能，满足基本的用电需求。

（2）户外生活用电：自驾游人群，在亲近自然的户外生活中，不单手机、平板电脑、手提电脑、相机等设备需要用电，如电饭煲、烧烤炉等生活电器也要用电。普通充电宝，显然无法同时满足需求。这个时候，便携式户外电源的大容量、AC 220V交流输出等优势就充分体现出来了。

（3）户外作业用电：一些电网检测、户外测绘、光伏屋顶安装等施工作业，施工人员随身携带的专用工具，如充电钻、电动螺丝批、无人机、同样有用电需求。在户外没有电力供给的条件下，只能寻求替代的电力支持方案。便携式户外电源，能给设备提供更长的工作时间。

（4）医疗应急用电：很多医疗救急场景，一些专业的医疗器具，像呼吸机、医疗推车等，没有电是肯定没法使用的。不仅如此，电力供给还需跟随医疗器具。而便携式户外电源，它的可移动、便携特点，就能够充分发挥优势，为医疗救急带来帮助。

（5）应急用电：家里停电的时候，有便携式户外电源，一定能够在这种时候发挥它的价值；可以给汽车电瓶补电。

3. 便携式电源市场发展与趋势

近年来，在手机、平板电脑等移动智能终端应用普及程度不断提高的同时，寻求自由、亲近自然的户外生活也成为趋势，户外用电需求日益增加；此外，近年来自然灾害呈现多发态势，供电稳定性受到影响，应急备用电源已逐步成为家庭生活中的重要备用品。在过去，户外及应急情况下的电力供应主要采用小型燃油发电机，但燃油发电机噪声大、操作复杂且污染环境，因此基于锂电池等清洁能源技术的便携式储能行业逐步兴起。同时，受新能源汽车的发展带动上游锂电池产业的成熟，便携式储能行业得到迅速发展。便携式电源如图2-3所示。

4. 全球便携式储能市场规模研究

随着人们生活水平的提高，储能技术的快速发展，便携式储能市场规模呈现高速增长趋势，根据中国化学与物理电源行业协会数据，2016年全球便携式储能出货量仅为5.2万台，产值为0.6亿元；到2020年，全球便携式储能出货量为208.8万台，产值为42.6亿元；2021年，出货量达到483.8万台，市场规模已达到111.3亿元。

便携式储能于2018年才开始起量，尽管行业发展时间较短，但其凭借绿色无污染、安全便携、操作简便、无噪声、大容量、大功率、可同时输出交流及直流电、适配性广泛等众多优点，精准匹配了新时代电力需求市场的消费痛点，几乎涵盖了所有的常用电子电气设备，广泛应用于户外出行和应急设备等多个领域，市场规模快速增长。展望未来，预计2026年全球便携式储能的出货量和市场规模将分别达到3110万台和882.3亿元。

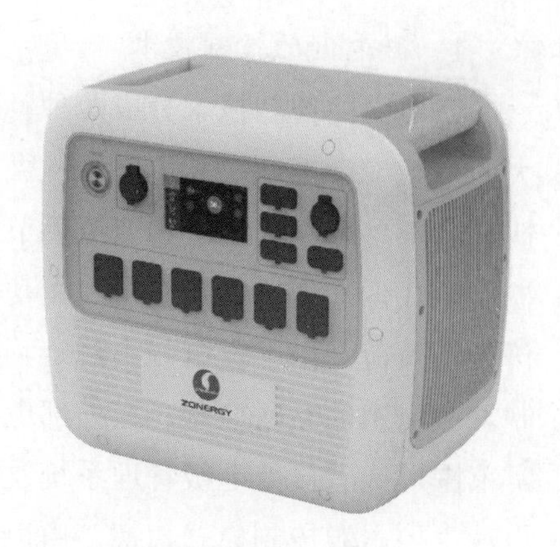

图2-3 便携式电源

2.5 光储微电网系统的关键技术

微电网系统的关键技术主要集中在以下五个方面：

（1）分布式多能互补控制技术。微电网的容量现在还没有一个完整的界定，从几十千瓦到几十兆瓦，因此，运行方式要灵活，分布式电源要保证及时性。

（2）运行技术。由于微电网分布式电源在用户侧，所以过去传统的控制和保护技术有一些不适应微电网发展运行的情况。

（3）微电网的储能技术。随着国内储能成本的逐渐降低，储能对分布式可再生能源平抑波动性，在峰谷差的调节过程中发挥了很重要的作用，目前储能之所以没有被广泛应用，主要是经济性能低，随着储能成本的下降以及储能技术不断成熟，对平抑可再生能源波动性，提高经济性、灵活性，会发挥很重要的作用，这是其中的一项关键技术。

（4）微电网的能量管理技术。如何管理分布式能源，如何管理微电网中的各类负荷调节，好的协调运行很重要，这是能量管理很重要的作用。

（5）监控技术。微电网设备众多，设备的运行不仅要随时监视，如果出现变化或者故障，还需要随时可以远程控制。

2.5.1 微电网的控制与运行技术

微电网以分布式电源为主，风光等清洁能源比例较高，是未来智能配电网的重要组成部分，与传统电网相比，微电网分布式能源数量众多，容量大小不一，不仅会改变潮流的方向，而且风力发电、太阳能发电等新能源有随机性和波动性，会给微电网运行带来较大的影响，因此要采用可靠的控制和运行技术，实现微电网安全运行。

1. 微电网的控制技术

微电网的控制技术分成两种，一是并网型微电网，负载是大电网，可以视为容量无限大的负载或者电源，大电网承担微电网内的负荷波动、频率和电压扰动，分布式电源正常情况下不参与频率调节和电压调节，同时直接采用电网频率和电压作为支撑，主要采用 *P*/*Q* 控制方式，即调节输出有功和无功电流来跟踪参考电流实现控制；二是独立型微电网，直接带动负荷，由于发电端不稳定，负载端也不稳定，系统需要稳态、动态、暂态的三态控制。微电网的离网控制，在外部电网故障，外部停电，检测到并网母线电压、频率超出正常范围，或者接受上级管理系统发出孤岛指令后，断开并网点断路器，并切断多余负荷，启动主控电源控制模式切换，由恒功率 *P*/*Q* 模式切换为恒电压频率 *U*/*f* 模式，以恒频恒压输出，保持微电网电压和频率的稳定。

微电网的并网控制分为检无压并网和检同期并网，检无压并网是在微电网停运时，储能和分布式电源没有开始工作，由配电网给负荷供电，并网点断路器应能满足无压并网，检无压并网一般采用手动合闸或者遥控合闸。检同期并网，检测到外部电网恢复供电，或者接收到微电网能量管理系统结束计划孤岛命令后，先进行内外两个系统的同期检查，当满足同期条件时，闭合并网点的断路器，并发出并网模式切换指令，主控电源由 *U*/*f* 模式切换为 *P*/*Q* 模式，并网点断路器闭合后，系统恢复并网运行。

微电网的并离网切换有无缝切换和有缝切换两种。

（1）无缝切换：需要大功率固态开关（导通和关断时间不大于 10ms）来弥补机械断路器开断较慢的缺点，同时需要优化微电网的结构，将重要负荷、分布式电源、主控电源连接于同一段母线，这些母线通过一个静态开关连接于微电网总母线中，形成一个并离网转换可以瞬间实现能量平衡的供电区间、对供电可靠性要求很高的微电网，可采用无缝切换的方式。

（2）有缝切换：采用带机械触点的断路器或者继电器切换，动作时间较长，并网转离网过程中出现电源短时间的消失，对供电可靠性要求不同的微电网，可采用有缝切换的方式。

2. 微电网的运行技术

微电网的运行技术有主从结构、对等结构、分层结构三种形式，不同结构的微电网控制方式不一样，应用场景也不一样。

（1）主从结构：分层控制方式，通常选择一个功率相对较大的电源作为主电源，其他作为从电源，主电源负责电压、相位、电流等各种电气量的变化和跟踪，储能装置和负荷的能源管理，微电网与大电网的联系和协调，从电源只需要按照主电源的控制设定输出相应的有功功率和无功功率。

主从结构微电网可靠性不高，一旦主电源出现故障，整个微电网将无法继续运行。主从结构微电网的规模一般较小，从电源故障或者其他原因退出运行，对微电网也会产生较大影响，主从结构微电网的运行还依赖于快速可靠的通信。

（2）对等结构：各分布式电源的地位是平等的，不存在从属关系，孤岛运行时，微电网中的多个分布式电源，独立完成微电网频率、电压、相位的调节，各电源之间不需要建立通信连接。

微电网并网运行时，对于大电网来说，对等结构的微电网各电源相互独立，不能很好地接受控制指令与大电网协调配合，可控性较差。对于负荷来说，当个别电源退出运行时，对微电网系统不会造成大的影响，其原本承担的负荷会在其他电源之间分配，继续维护微电网的稳定运行，因此可靠性较高。

（3）分层结构：微电网分层控制是指采用一个中央控制器来统一协调管理本地各个分布式电源和负荷，实现微电网安全、可靠、稳定运行。最普遍使用的是三层控制结构，通常分为配电层、微电网层和负荷及微电源层。其中，配电层主要是负责配电网的管理和经济运行的功能；微电网层主要是进行中央处理器对负荷和微电源的控制，并与配电层完成信息的通信；负荷及微电源层主要涉及的是微电网底层元件的控制。

利用分层控制结构在不同的时间尺度上分别实现电气量控制、电能质量调节以及经济运行控制，有助于实现微电网的标准化。

2.5.2 微电网的保护技术

从微电网研究和实践结果来看，其技术研究主要包括分布式电源发电技术、电网控制及运行技术、电网保护技术、电网监控与能量管理、电网通信技术、电网接地技术、电网谐波治理以及电网标准制定八个方面。其中，安全保护技术是实现微电网功能的关键。

微电网线路保护方法主要有两类：以现代智能通信技术为基础，实现微电网开关状态量和电气量的共享；以传统电网保护技术为基础，根据微电网故障特征对原判据进行改进，以满足微电网保护的要求。

1. *以现代智能通信技术为基础的保护方法*

借助于现代智能通信技术，微电网保护可以获得微电网中拓扑结构和各测量点的开关量和电气量信息，能实时根据微电网的运行状态调整动作特性，提高保护的灵敏度和可靠性。目前，基于全网信息交互的保护主要有两种：一是实时采集与结构变化相关的电气量及开关量信息，由中央单元根据微电网实时运行状态及网络结构计算出各终端保护的整定值。二是充分利用信息采集系统获取全网故障信息，由中央单元保护模块通过矩阵算法、遗传算法、模糊理论等算法或理论确定故障点，再向与故障点相连的断路器对应的中断单元发送跳闸指令，从而实现故障隔离。

2. 以传统电网保护技术为基础的保护方法

传统电网保护方法主要有三段式电流保护、反时限过流保护、低电压保护。在微电网中，可以根据微电网实际运行情况对传统电网保护方法从电流、电压、距离三个方面进行改进。将低电压、序分量、故障分量以及阻抗等故障特征量引入微电网保护中。除对电网保护改进外，还可通过限制接入的分布式电源容量或增加限流电抗器限制微电网中短路电流，达到不改变原有保护配置或保护定值的目的。

配电网的特点是呈辐射状，并由单侧电源供电，配电网的继电保护是以此为基础设计的。当分布式电源接入配电网后，配电网的结构将发生改变，在配电网发生故障时，除了系统向故障点提供故障电流外，分布式电源将对故障点提供故障电流，以便改变配电网的节点短路的水平。分布式电源的类型、安装位置和容量等因素都将对配电网的继电保护正常运行造成影响。

微电网通常工作在并网运行模式和孤网运行模式，微电网的保护装置就是处理这两种模式下各种类型的故障。

（1）微电网并网运行时的保护策略。正常情况下，微电网与上级配电网并网运行，当发生故障时，故障电流主要由配电网提供，微电网内部保护可按传统电流保护方式来设计。分布式电源接入配电网后，配电网某些部分将出现双侧供电或者多侧同时供电的情况，需要配置电流速断保护、限时电流速断保护以及方向性电流保护。要特别注意误动作保护，在阶段式电流难以保证时，可以采用电流差动保护。

（2）微电网孤网运行时的保护策略。微电网在孤岛运行下，由于分布式电源容量较小，故障时输出电流较小，不足以按传统电流整定的保护装置动作，可以采用电流差动保护和负序电流保护。

1）电流差动保护：具有原理简单、灵敏度高、定值整定不受运行方式影响等优点，适合于微电网全线速动主保护。配电变压器的高压侧智能终端中配置过流保护，作为变压器内部故障的后备保护，并对低压母线故障保证一定的灵敏性；低压负荷出线配置万能断路器，包含过流保护、欠压保护等功能，低压用户侧配置塑壳断路器或者小型断路器及剩余电流动作断路器。

2）负序电流保护：当系统发生不对称短路故障时，负序电流变化明显，适合采用负序电流保护。保护的整定值应稍大于最大负荷电流，并通过动作时限的配合实现选择性。针对微电网孤岛运行下故障电流的特点，将三相短路故障和不对称短路故障区别对待。

考虑微电网的复杂性，在电流速断保护、负序电流速断保护、反时限电流保护、负序反时限电流保护，均要增加方向元件，可由用户自行投退。为了保证安全生产，针对微电网的敏感负荷，还可以考虑加装低电压保护作为后备保护。当线电压低于定值时，保护动作使得负荷退出运行。

2.5.3 微电网的监控技术

微电网监控系统是利用计算机、手机等智能设备，对微电网的运行过程实行实时监视和控制的系统，主要是对微电网内容的分布式发电、储能装置和负荷状态进行实时综合监视，在微电网并网运行、离网运行和状态切换时，根据电源和负荷特性，对内部的分布式发电、储能装置和负荷进行优化控制，实现微电网的安全稳定运行，提高微电网的能源利用效率。

1. 微电网监控系统架构

微电网监控系统包括计算机监控系统、通信网络、分布式电源控制器、负荷控制器、微电网中央控制器、并网接口装置和测控保护装置等自动化设备，电网监控系统应能与微电网能量管理系统进行数据交换，将微电网设备运行数据上传给能量管理系统，并接受能量管理系统下发的控制指令。微电网监控系统如图 2-4 所示。

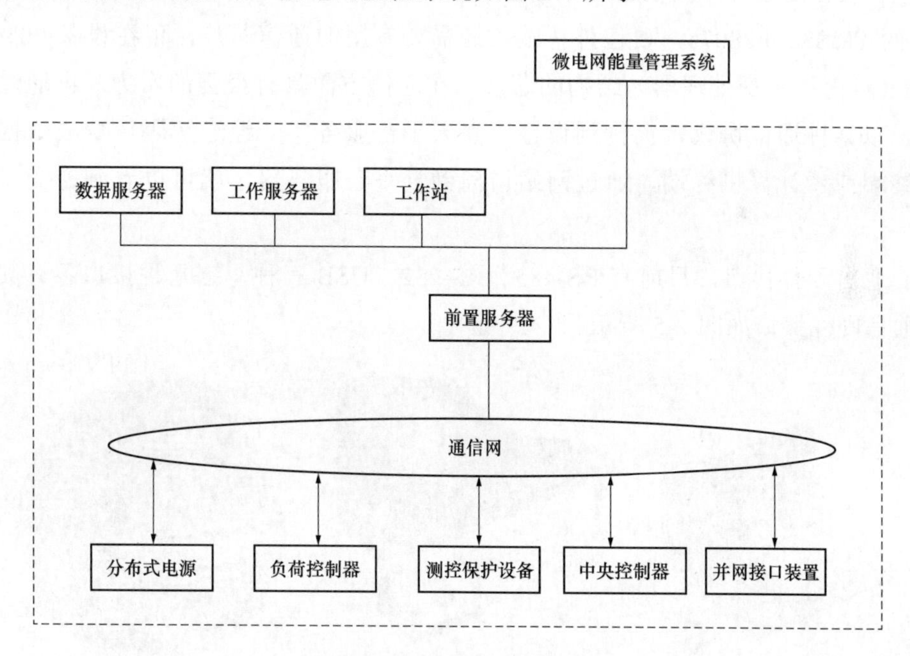

图 2-4 微电网监控系统

微电网监控系统宜配置前置服务器、数据服务器、工作服务器、工作站等设备。服务器和工作站的数量可根据微电网规模以及运算量大小进行合理的增减，微电网监控系统应设置防火墙、隔离装置等安全防护设备，网络安全防护应符合相关技术标准。微电网监控系统软件应包括操作系统软件、支撑平台软件和应用软件。实时数据库和历史数据库、支撑平台软件宜包含数据采集管理、数据库管理、网络通信管理、图形管理、报表管理、权限管理、报警管理、计算统计等模块。

2. 微电网监控系统的主要内容

（1）数据采集与处理：微电网监控系统对采集数据信息进行计算、分析等功能，数据分析功能包括数据源选择、自动计算周期等，按日月、季、年或自定义时间段统计；统计指定批的最大值、最小值、平均值和累计值，统计时段包括年、月、日、时等；多位置信号、状态信号的逻辑计算；变位、遥控、遥调等操作次数统计；遥控正确率和遥调响应正确率统计；电压电流越限、功率因数和电能质量合格率统计分析。

（2）报警信息处理：微电网监控系统应具备对采集数据信息进行合理性检查及越限告警的功能，包括数据完整性检查，自动过滤坏数据，自动设置数据质量标签；设定限值，支持不同时段使用不同限值；告警、告警定义、告警动作、告警分流和告警信息存储等。

3. 微电网监控系统的软硬件接口

设备的运行数据是不能直接上传到手机App监控软件上的，这中间要经过4次以上的转换过程。设备的运行数据一般是保存在DSP（数字信号控制器）控制芯片上，如德州仪器DSP的TMS320F28075，要往外传输，还需要专用的通信芯片，现在设备90%都用采用ARM（精简指令集处理器）结构的芯片，在通信方面具有很强的实力。再通过通信硬件接口，以某种通信协议，上传到设备厂家云平台服务器，经过解码后变成数据，我们的手机终端或者计算机终端，通过网站访问到云平台服务器，就可以看到逆变器的运行数据了。

（1）通信硬件接口，目前有RS-485、RS-232、USB三种，这几种接口各有其特点和用途。通信硬件接口如图2-5所示。

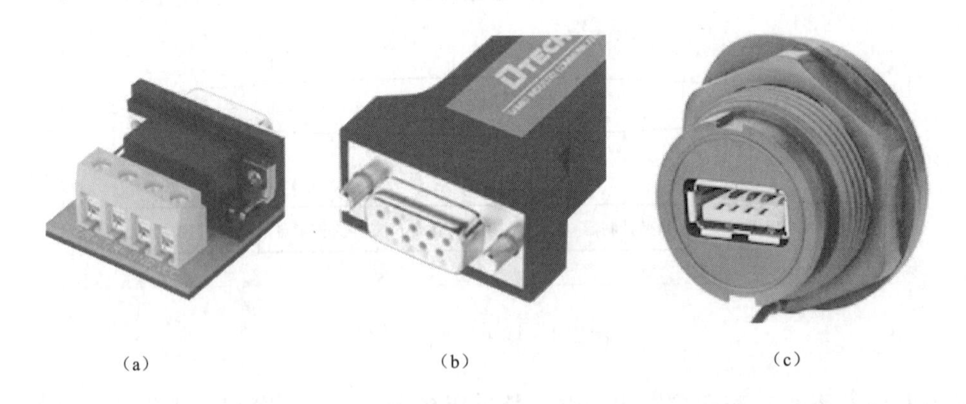

（a）　　（b）　　（c）

图2-5　通信硬件接口

（a）RS-485；（b）RS-232；（c）USB

RS-232和RS-485是最经典的接口，2019年之前出的大部分设备都会配备，两者区别在于：

RS-232适合本地设备之间的通信，传输距离一般不超过20m，只允许一对一通信，即一台数据采集器配一台设备，适用于小型微电网电站；RS-485传输距离为几十米到上千米，接口允许一对多，即一台数据采集器配多台设备，适用于中、大型微电网电站。

USB（Universal Serial Bus）是目前计算机上应用较广泛的接口规范，接口速度快、连接简单、不需要外接电源，由于USB对外设有良好的兼容性，应用越来越广，最近几年新开发的设备，USB接口逐渐替代RS-232接口。USB接口可以一对一接采集器，也可以直接连接计算机，USB还可以通过串联方式最多可串接127台设备。

（2）监控数据传输方式：数据从逆变器到服务器，目前常用3种方案传输数据，GPRS、Wi-Fi、LAN。GPRS数据采集器，内置手机SIM数据卡，如中国移动、中国联通等，逆变器的数据先是发到手机运营商的服务器上，再上传到设备公司的服务器上。GPRS目前是国内应用得最多的传输方案，其优点是不需要宽带网络，适合于不方便架网络的地方，缺点是需要流量费用，通信网络会经常升级，如2G网络有些地方更新为4G或者5G网络。Wi-Fi和LAN两者的区别是Wi-Fi是无线传输数据，LAN是有线传输，其优势是不需要流量费用；缺点是无线Wi-Fi距离有限，有线LAN得要铺设网线，还需有宽带网络。

（3）通信协议，从设备到数据采集器，数据都要上传到云服务器，每个公司的技术都不一样，为了统一，方便不同设备之间传输数据，一般采用现场总线（Field bus）技术，现场总线的种类很多，如Profibus、Interbus、DeviceNet、ControINet、Modbus、CC-link、HART等。光伏行业采用Modbus比较多。

2.5.4 微电网的能量管理技术

随着微电网技术的不断发展，微电网能量管理系统也逐渐成为研究热点。微电网能量管理中需要解决三个问题：可再生能源和可控负荷的不确定性问题、多储能技术的优化配合和联合调度问题、微电网能量管理系统的通信设计和网络安全问题。能量管理需要解决上述问题，其功能包括分布式电源发电量预测和负载预测、负载分析与管理、微电网的功率平衡、能源管理策略、微电网能量管理系统的控制结构等。

1. 分布式发电预测和负载预测

光伏发电预测可以分为统计方法和物理方法两类，统计方法的原理是统计分析历史数据，从而发现其内在规律并最终用于发电功率预测，可以直接预测输出功率，也可以预测太阳辐照强度；物理方法是在已知太阳辐射强度预测值的情况下，研究光能转化的物理过程，采用物理方程，考虑温度、寿命等影响因素，由预测的太阳辐射强度得到光伏系统发电功率预测值。本项目采用组合预测法，根据历史数据和测试数据对比，再加上计算发电量RETScreen、PVsystem、PVSOL等软件，找出一个最优值。

负载预测预报未来电力负荷情况，用于电力系统的用电需求，让光储系统的利益最大化，主要有回归分析法和时间序列法，根据过去的特性做一个预测。

2. 负载分析与管理

利用各传感器和电表，分析各种参数、变量对能源的影响（如天气、产量等），管理生产运行的各个环节能耗，发现设备在生产环节中低效的情况和企业能源使用过程中的浪费情况，建立各种企业需要的能源经济指标（单位产量能耗、单位面积能耗），将能源价格和成本的影响考虑到生产中，帮助企业强化能源消耗、能源核算管理，使企业管理更加科学化。

3. 微电网的功率平衡

微电网运行时，通常情况下并不限制微电网的用电和发电，并网运行时，由大电网提供刚性的电压和频率支持，一般不需要对微电网进行专门的控制，只需要对公共连接点PCC（公共连接点）的功率进行监视。微电网从并网转入孤岛运行时，流过公共连接点PCC的功率被突然切断，由于风光等分布式发电不稳定，负荷也不稳定，微电网内部能量平衡打破，需要立即启动紧急措施，主要通过调整双向储能逆变器的工作模式，如果存在功率缺额，需要立即切除部分非重要负荷，调高储能系统输出功率；如果存在功率盈余，需要把储能系统改为充电模式，甚至可以切除一部分分布式电源，这样，使电网快速达到新的功率平衡状态。

4. 能源管理策略

综合能源管理系统利用物联网，联系大电网、分布式能源站、能源用户，并借助能源管理系统，实现工商业园区综合能源系统的灵活可控，促进清洁能源的开发，实现电能、热（冷）能等的综合利用、相互转化和存储，全面降低用能成本，提升经济效益，减少污染物排放。帮助企业进行高效的能源管理，改变能源的使用习惯、规范和加强能源管理。综合智慧能源系统的建设是一项系统性工程，涉及区域资源条件分析、负荷分析、用户购能意向、能源系统建设方案、财务分析等诸多方面的前期准备工作，需要构建一个强大的系统去调整。

5. 微电网能量管理系统的控制结构

从微电网能量管理系统的控制结构来看，微电网可以分为集中式控制和分散式控制。

集中式控制一般由中央控制器和局部控制器构成，其中，中央控制器通过优化计算后向局部控制器发出调度指令，局部控制器执行该指令控制分布式电源的输出。中央控制器是微电网能量管理系统的核心单元，其负责上层系统与底层单元的信息交流。一方面，中央控制器要满足配电网的负荷需求，参与电力市场、监测系统运行，维护系统稳定，处理微电网工作模式的转换；另一方面，中央控制器要根据局部控制器传来的机组信息、市场和配电网中心的信息，在各种机组约束和物理约束条件下，以系统网损最小、利润最大等为控制目标安排分布式电源的功率分配，并将指令传递给局部控制器。

分散式控制是微电网能量管理系统的另一种控制方式。分散式控制方式下，微电网中的每个元件都由局部控制器控制，每一个局部控制器监测微源的运行状况，并通过通信网络与其他的局部控制器交流。局部控制器不需要接收中央控制器的控制指令，有自主决定所控微源运行状况的权力。由于局部控制器仅需要与邻近的设备通信交流，其信息传输量比集中式控制要少；其计算量也分担到各个局部控制器当中，降低了中央控制器的工作负担。

2.5.5 微电网的电能质量控制技术

衡量微电网的电能质量的参数包括电压偏差、频率偏差、电压三相不平衡、谐波、电压的波动和电压的闪变、功率因数。其中最重要的参数是谐波和功率因数。频率是基波整数倍，表现为正弦的电流或电压称之为谐波，谐波使电能的生产、传输和利用的效率降低，使电气设备过热、产生振动和噪声，并使绝缘老化、使用寿命缩短，甚至发生故障或烧毁。功率因数是交流电路的重要技术数据之一，在交流电路中，电压与电流之间的相位差（Φ）的余弦叫作功率因数，用符号 $\cos\Phi$ 表示。功率因数的高低，对于电气设备的利用率和分析、研究电能消耗等问题都有十分重要的意义。

1. 谐波的产生和治理

微电网内部的谐波产生主要根源于微电网中的非线性元件，基波电流发生畸变而产生谐波，主要来源于电源和负载两个方面。整流器和逆变器会产生谐波电压、电流，开关电源会产生高次谐波。

为解决电力电子装置和其他谐波源的谐波污染问题，基本思路有两条：一条是安装谐波补偿装置来补偿谐波，这对各种谐波源都是适用的；另一条是对电力电子装置本身进行改造，使其不产生谐波。

安装谐波补偿装置的传统方法就是采用 *LC*（电感电容）调谐滤波器。这种方法既可补偿谐波，又可补偿无功功率，而且结构简单，一直被广泛使用。这种方法的主要缺点是补偿特性受电网阻抗和运行状态影响，易和系统发生并联谐振，导致谐波放大，使 LC 滤波器过载甚至烧毁。此外，它只能补偿固定频率的谐波，补偿效果也不甚理想。

现代采用有源电力滤波器（Active Power Filter，APF），是一种用于动态抑制谐波、补偿无功的新型电力电子装置，它能够对大小和频率都变化的谐波以及变化的无功进行补偿。可以同时滤除多次及高次谐波，滤除率高达95%以上，且不会引起谐振。有源电力滤波器通过外部电流互感器，实时检测负载电流，并通过内部 DSP 计算，提取出负载电流的谐波成分。然后通过 PWM（脉宽调制）信号发送给内部 IGBT（功率开关器件），控制逆变器产生一个和负载谐波大小相等、方向相反的电流注入电网中补偿谐波电流，实现滤波功能。

2. 功率因数校正

随着光伏用户的不断增加，有越来越多的光伏并网用户反映，在并网接入系统后，用户功率因数有明显降低，经过实地调查，出现功率因数下降的光伏并网用户情况，这部分用户多为光伏发电容量接近负载容量，或者光伏容量大于上一级变压器容量的30%。工厂内感性负载较多，由于功率因数的降低，用户需要向电网公司缴纳一部分力调电费。

产生的原因是光伏逆变器仅输出有功功率，无功功率由电网输入，所以光伏发出的功率越大，电网侧的功率因数就越低。如一个机加工厂在光伏接入前，视在功率为1000kVA，功率因数为0.92，则从电网侧输入有功功率为920kW，无功功率为390kvar，如接入光伏有功功率400kW后，则从电网侧输入有功功率减少为520kW，无功功率还是保持为390kvar，视在功率为650kVA，功率因数降为0.8，将面临电网公司收取力调电费。

提高功率因数的解决方案：光伏电站无功调节可通过并网逆变器、集中无功补偿装置等实现，从资源优化利用的角度，优先利用并网逆变器无功容量及其调节能力。

（1）配置SVC（静止无功补偿装置）和SVG（静止无功发生器）无功补偿装置。SVC可以被看成是一个动态的无功源。根据接入电网的需求，它可以向电网提供容性无功，也可以吸收电网多余的感性无功，电容器组通常是以滤波器组接入电网，就可以向电网提供无功，当电网并不需要太多的无功时，这些多余的容性无功，就由一个并联的电抗器来吸收。SVC功率因数补偿自动投切装置是根据常规用户负荷性质稳定的特性而制定的，且投切并非平滑变化，而是以投入电容器的数量决定补偿容量，无功补偿不能连续可调，而且只能输出容性。

SVG以大功率电力电子设备为核心，通过调节逆变器输出电压的幅值和相位，或者直接控制交流侧电流的幅值和相位，迅速吸收或发出所需的无功功率，实现快速动态调节无功功率的目的。SVG无功补偿装置响应速度快、谐波含量少、无功调节能力强，目前已成为无功补偿技术的发展方向。

（2）使用逆变器无功补偿功能。目前逆变器功率因数控制方式有两种：一是将功率因数设置为定值，如将功率因数设置为0.8，此时逆变器提供的无功功率为恒定；二是通过实时调节指令，调节逆变器无功容量，但此功能并非所有逆变器均能实现。通过以上两种方法调整无功功率不会改变视在功率输出。

2.5.6 光储微电网设计案例

光伏发电存在出力不稳定、可调度性低、对电网谐波污染等一系列问题，为解决光伏发电接入电网的问题，在用户侧接入储能系统，构建微电网系统。接入配电网采取就地平衡原则，加强电网侧与用电侧互动管理，开展最大化就地消纳分布式发电，节能降损，并进行能效利用、供电可靠性、应急供电等各方面研究。

本案例位于广东清远一个职业教育基地校区，占地面积为5万m^2，可安装光伏容量为2MW，结合学校学生宿舍、实验室、教学楼的设备、用电量，设计应用500kW/2×100kWh的光伏微电网储能系统，采用交流侧耦合的方式，光伏发电系统以380V电压等级接入配电区低压侧，储能系统包括两套100kW/100kWh系统，分别接入实验室、教学楼。本案例用电具有明显的时段性，在学生开学期间，用电负荷在1000kW左右，光伏发电可全部就地消纳；在学生放假期间，整个系统用电负荷小于200kW，光伏发电超过用电负荷，余量部分注入配电网。

1. 系统方案设计

微电网系统采用配电网调度层、集中控制层、就地控制层的三层控制体系方案。配电网调度层主要从配电网的安全稳定、经济运行的角度调度微电网，微电网接受并执行配电网的调度命令。集中控制层集中管理微电网中的分布式电源及负荷，并网运行时实现最优化，离网时调节分布式电源及负荷，实现安全稳态运行。就地控制层控制各分布式电源及负荷，实现系统暂态安全运行。微电网系统三层控制体系图如图2-6所示。

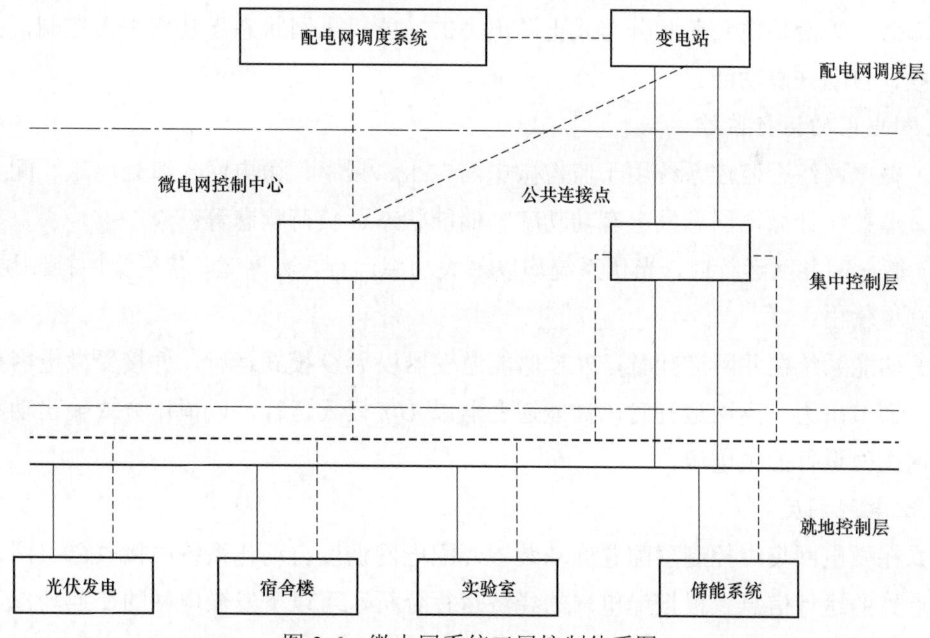

图2-6　微电网系统三层控制体系图

（1）光伏发电部分，总共500kW，采用单晶580W组件，5台100kW逆变器，1台5进、1出的低压配电柜，逆变器配备监控，可以随时查看运行参数，还设置有功和无功调节功能，低压配电柜配备远程控制的断路器和电能质量测量的表计，测量光伏系统输出回路的常规运行参数，如电压、电流、有功和无功，以及电能质量。

（2）储能回路。储能系统采用交流耦合的方式，通过两台100kW双向储能PCS，分别连接到实验室、教学楼重要设备，储能逆变器不仅能充放电，还设置其运行出力调节功能和并网离网模式切换功能。当外部电网停运时，启用“黑启动”功能，使微电网快速恢复供电。

（3）公共连接点接入并离网控制装置，采集公共连接点所在节点电压、支路电流等数据，能够对公共连接点断路器进行快速控制，实现孤岛检测、线路故障跳闸、供电恢复后的同期并网、母线备自投等功能。

2. 微电网能量管理系统

微电网能量管理系统是基于数据采集与监控（Supervisory Control And Data Acquisition，SCADA）基础上的分析和计算，实现微电网实时统计和高级分析。其中高级分析包括电网黑启动功能、并离网控制和切换功能、离网能量调度（维持微电网离网运行期间功率平衡）、储能充放电功率曲线控制功能、交换功率紧急控制（配电联合调度）等功能。

主要功能：电网黑启动功能，在特殊情况下大电网停电时，微电网可作为配电网的备用电源向大电网提供有效支撑，加速大电网的恢复供电。并离网控制和切换功能，并网状态下，根据负荷峰谷时段用电情况、光伏发电情况形成储能的预期充放电曲线，实现微电网削峰填谷、平滑用电负荷和分布式电源出力的功能，离网状态下功率平衡控制，并离网自动切换，自动恢复功能。

3. 微电网的运行监控

（1）微电网综合监控系统用于监控微电网电压、频率、微电网入口处电压、配电网上下功率，监控统计微电网总发电有功功率、储能状态、负荷状态等；

（2）微电网并网运行时，光伏系统均以最大功率运行，离网时，接受集中控制层调节，以指定功率输出；

（3）储能系统在并网运行时，PCS 储能逆变器以 P/Q 模式运行，并接受微电网控制中心管理，调节出力，离网运行时，储能逆变器以 U/f 模式运行，以恒压方式输出功率，作为微电网离网运行的主电源。

4. 配电网调度

（1）在微电网集中控制层配置远动装置，配电网调度自动化系统中接收微电网上传的公共接点处的运行信息，根据配电网的经济运行分析，可以下发微电网的交换功率调节命令，从而使微电网整体成为配电网的一个可控单元。

（2）辅助配电网实现削峰填谷、经济优化调度、故障快速恢复等工作。

2.6 分布式光伏与建筑相结合发展情况

2020 年 9 月，我国提出碳达峰、碳中和的愿景目标，发展绿色建筑成为实现减碳目标的重要手段。而光伏建筑一体化可以减少化石燃料带来的环境污染，是打造绿色建筑的解决方案方式之一。建筑领域可以说是我国碳排放最大的一个行业，一栋建筑的全生命周期包含建筑材料生产、建筑建设施工、建成后的运行维护三个环节，三个阶段的碳排放比重分别为28%、1.0%和21.6%。我国建筑全过程能耗占全国能源消费总量的45%，碳排放量占全国排放总量的50.6%。

此外，我国建筑屋顶资源丰富、分布广泛，开发建设屋顶分布式光伏潜力巨大。根据国家统计局数据和中国建筑科学研究院测算，截至2021年6月，我国既有建筑总面积约800亿m^2，同时每年新建建筑面积20亿m^2。一旦走向规模化应用，建筑上的光伏将是一个近万亿元的市场。

光伏组件与建筑相结合，光伏组件不额外占用地面空间，特别适合于土地资源紧张的城市建筑。全球建筑物自身耗能占世界总能耗的三分之一以上，如果采用光伏加建筑技术，可以将建筑物从耗能型转变为功能型，创造低能耗、高舒适度的健康居住环境，实现城市建筑的可持续发展。

GB/T 51350—2019《近零能耗建筑技术标准》明确规定了零能耗建筑相关定义，引导建材产业把节能减排列入重要要求，为促进建筑节能产业转型升级起到了积极作用。

光伏的最好载体就是建筑，光伏建筑是太阳能的光电利用与建筑有机融合，从而降低建筑能耗，达到节能环保的目的，有着非常广阔的发展前景。目前，光伏建筑被公认为是未来光伏发电的最大市场和最主要的方向。

2.6.1 分布式光伏与建筑的主要形式

分布式光伏与建筑的结合方式目前包括BAPV与BIPV两种。其中BAPV（Building-Attached Photovoltaics）指的是附着在建筑物上的光伏组件，这些光伏组件的主要功能是光伏发电，既不承担建筑物的功能，也不破坏或削弱原有建筑物的功能，现在已建设的大多数光伏建筑指的就是BAPV。BIPV（Building-Integrated Photovoltaics）是指光伏与建筑物同时设计、同时施工和安装并与建筑物相结合的光伏发电系统，也称为“构建型”和“建材型”建筑光伏，其既具有光伏发电功能，又能承担建筑构件和建筑材料的作用，更好地与建筑物融为一体。

BAPV多用于存量建筑，BIPV多用于新建建筑。从施工流程上来看，BAPV也称为建筑后光伏，即主要集中在建筑施工完成后附着在建筑物上，它的安装、安全性、支撑系统需要考虑周全，也会增加建筑负载。而BIPV本身即为建筑材料，是集中在建筑施工流程中，本身能起到透光、遮风挡雨和隔热等功能，因此其主要应用于新建建筑或整体大规模翻新建筑。

BAPV主要应用于屋顶以及幕墙，而BIPV可以实现应用场景多元化。传统BAPV由于在已建成建筑物上施工，需要考虑荷载以及抗风等因素，使用场景相对受限，目前的使用场景主要集中于屋顶以及外挂式幕墙。而 BIPV 由于其本身承载了建筑材料的性能，且组件可以采用透明彩色碲化镉光伏发电玻璃产品，因此其应用场景更为多元化，除屋顶、幕墙外，还可用于阳光房、采光顶、屋檐遮阳、光伏车棚、光伏温室等领域，使用空间被进一步放大。

BAPV 产业链与光伏产业链基本一致，其上游为生产组件所需原材料，包括电池片、背板、EVA 胶等；中游为组件、逆变器与支架等配件；下游是 BAPV 光伏发电系统集成商，订单传递至光伏 EPC 承包商，最后由运营商收尾。在光伏 EPC 项目中，光伏施工与建筑施工通常是分开进行的，建筑施工通过分包的方式进入项目，因此在这个环节有部分建筑或建材企业（包工包料）进入。光伏产业链各个环节参与企业众多，且部分企业布局较广泛。

BIPV 产业链最大不同在于建筑材料企业所处的位置，当前 BIPV 产品通常采取集成系统方式打包销售，即建材在产业链前端就已经和光伏组件集成一体，建材企业更多体现在产品端。因此，BIPV 的产业链上游为组件原材料以及建筑材料，中游复合为 BIPV 产品（纯 BIPV 产品链环节），之后同支架和逆变器汇集至下游系统集成商，再由 EPC 负责施工。

2.6.2 光伏幕墙与光伏屋顶

光伏建筑的应用形式包括光伏屋顶、光伏幕墙、光伏遮阳板、光伏车棚、光伏站台等，其中，光伏屋顶和光伏幕墙为两大主要细分场景。光伏幕墙使用薄膜组件居多，对立面朝向有要求。光伏幕墙是将幕墙和光伏发电功能相结合的幕墙，集发电、美观、通风采光、外部围护等功能于一体，根据透光、不透光需求，分别采用非晶硅（薄膜）类组件/未满铺的晶硅组件、晶硅组件。

BAPV 光伏屋顶应用范围最广泛，绝大多数采用晶硅组件。光伏屋顶是具有承重隔热防水功能，并叠加电池板形成的屋顶，并能有效提供工业厂房用电需求的绿色建筑类型。一般光伏屋顶不要求透光，多数采用晶硅组件。光伏屋顶仅考虑发电、安全、防水保温要求，节省设计环节，实现成本较低；相较于幕墙，可获得最长的光照时间和较大的光照面积，经济效益最好。

光伏屋顶工程仅需工程施工资质，BIPV 光伏幕墙工程额外有专业资质要求。幕墙施工资质除宽泛的建筑工程施工要求外，有专业资质要求，主要是建筑幕墙工程专业承包资质和建筑幕墙工程设计专项资质。光伏幕墙工程资质要求与传统幕墙工程要求一致。光伏屋顶工程则无专业资质要求，仅需建筑工程施工总承包资质。

此外，光伏工程属于发电工程，需要电力工程施工总承包资质，专门承揽各类发电工程、各种电压等级送电线路和变电站工程的施工，其中电力工程是指与电能的生产、输送及分配有关的工程。资质有四个级别的划分，从高到低依次是特级、一级、二级和三级。

由于光伏幕墙和光伏屋顶发电电压并不高，因此对此项资质无需高要求，此资质并不构成门槛。

2.6.3 光伏建筑中的组件

BAPV 对光伏组件没有特殊要求，一般场合采用普通晶硅组件即可，承重不够的屋面，可以采用轻质的柔性组件；对美观有要求的项目，可以采用彩色组件；对光线有要求的，可以采用透光性组件。

BIPV 是通过将光伏组件与建筑材料结合，让传统建筑变成可以发电的节能建筑，从而推动建筑从耗能向节能、产能转变。光伏作为建筑的一部分，必须承担起建材的功能。目前用于 BIPV 的组件有晶硅组件和薄膜组件。

晶硅型 BIPV 转换效率高，单晶可达 25%。晶硅电池片是不透光的，晶硅组件主要应用在不透光的建筑项目中。晶硅型光伏幕墙采用双面玻璃也可满足一定的透光要求。

目前，能够商品化的薄膜太阳能电池主要包括铜铟镓硒（CIGS）、碲化镉（CdTe）、砷化镓（GaAs）等，制造材料较为稀有，产量较晶硅更低，且由于技术限制，其转换效率普遍低于晶硅。当前，全球碲化镉薄膜电池实验室效率纪录达到 22.1%，组件实验室效率达 19.5%左右，产线平均效率为 15%～19%，是现有薄膜电池类型中唯一能实现大规模量产的电池；铜铟镓硒（CIGS）薄膜太阳能电池实验室效率纪录达到 23.35%，组件实验室效率达 19.64%左右，组件产线平均效率为 15%～17%；Ⅲ-Ⅴ族薄膜太阳能电池具有超高的转换效率，稳定性好，抗辐射能力强，在特殊的应用市场具备发展潜力，但由于目前成本高，生产规模不大；钙钛矿太阳能电池，实验室转换效率较高，但稳定性差，目前仍处于实验室及中试阶段。

BIPV 组件不仅需要满足光伏组件的性能要求，同时要满足幕墙的三性实验要求和建筑物安全性能要求，因此需要有比普通组件更高的力学性能和采用不同的结构方式。在不同的地点、不同的楼层高度、不同的安装方式，对它的玻璃力学性能要求就可能是完全不同的。

BIPV 建筑中使用的双玻璃光伏组件是由两片钢化玻璃，中间用 PVB（聚乙烯醇缩丁醛）胶片复合太阳能电池片组成复合层，电池片之间由导线串、并联汇集引线端的整体构件。钢化玻璃的厚度是按照国家建筑规范和幕墙规范，通过严格的力学计算得出的结果。而组件中间的 PVB 胶片有良好的黏结性、韧性和弹性，具有吸收冲击的作用，可防止冲击物穿透，即使玻璃破损，碎片也会牢牢黏附在 PVB 胶片上，不会脱落四散伤人，从而使产生的伤害可能减少到最低程度，提高建筑物的安全性能。

普通光伏组件封装用的胶一般为 EVA。由于 EVA 的抗老化性能不强、使用寿命达不到 50 年，不能与建筑同寿命，而且 EVA 发黄，将会影响建筑的美观和系统的发电量。而

PVB 膜具有透明、耐热、耐寒、耐湿，机械强度高等特性，并已经成熟应用于建筑用夹层玻璃的制作。国内玻璃幕墙规范也明确提出应用 PVB 的规定。BIPV 光伏组件采用 PVB 代替 EVA 制作能达到更长的使用寿命。此外，在 BIPV 系统中，选用光伏专用电线（双层交联聚乙烯浸锡铜线），选用偏大的电线直径，以及选用性能优异的连接器等设备，都能延长 BIPV 光伏系统的使用寿命。

轻质柔性组件是一种没有玻璃和边框，质量轻、厚度薄，可以弯曲的新型组件，可以直接粘贴于轻荷载和曲面屋顶上，不需要支架，主要分为常规晶硅柔性组件、MWT（金属穿孔卷绕）晶硅柔性组件以及薄膜柔性组件几种。

与常规组件相比，柔性组件的价格高出 20%～30%。但柔性组件质量轻、不需要支架，操作简单，在人工成本、机械成本、材料成本方面，每瓦能节 0.5 元左右。此外，通过参与建筑前端设计，采用最优化定制方案，在同等屋顶面积下，还能实现更高装机量。除了安装节省费用，由于柔性组件没有边框，面板采用的是高端复合材料，更加易于清洗，同样能节省运行维护费用，综合计算下来，采用柔性组件的成本和采用常规组件建成的光伏系统成本相差并不大。

轻质柔性组件不仅可以应用于工商业彩钢瓦屋顶、平屋顶、居民瓦房等分布式电站场景，也可以应用在特色景观灯、便携式移动电源、光伏背包等特色场景。

2.6.4 BIPV 和 BAPV 投资对比

两者不同点在于：BIPV 已经作为建筑物必不可少的一部分发挥着建筑材料的作用，不仅能满足光伏发电的功能要求，同时还可以兼顾建筑的功能要求，是光伏产品和建筑材料的结合体，可以替代部分传统的建筑材料，在建筑设计阶段进行一体化设计，在建设中与建筑主体一体成型。而 BAPV 建筑中的组件只是通过简单的支撑结构附着在建筑上，拿开光伏组件后，建筑功能依然完整。

目前，BAPV 占据屋顶分布式光伏 90%以上的市场，BIPV 的份额不到 10%，在这有限的 BIPV 项目中，90%用的是薄膜组件，用晶硅组件不到 10%。

虽然有各路厂家、媒体，甚至政府机构都是极力推销 BIPV，而且在外行人看来，BIPV 比 BAPV 名气大很多，以致很多人误以为分布式屋顶项目就是 BIPV，但是，一到用户端，除了一些特定的，不考虑成本的用户外，常规的屋顶，很难说服业主直接去安装 BIPV，数据统计，2019、2020 年全球 BIPV 总装机量分别为 1.15GW 和 2.3GW，总装机量年均占到全球光伏市场也就仅 1%左右。推进 BIPV 的难点可以从以下三个方面进行分析。

（1）与常规晶硅组件对比，BIPV 组件价格昂贵。BIPV 要满足光伏和建筑行业标准和环境需求，成本上不是提高一点点，常规单晶组件目前价格在 1.8 元/W 左右，而 BIPV 单晶组件价格在 4.5 元/W 左右，价格差 2.7 元/W，而且 BIPV 结构相对复杂，系统成本高。

（2）与 BAPV 对比，BIPV 系统效率低。安装在水泥屋顶的 BAPV 项目，可以很方便地调整方位角和倾角，让发电量最佳，安装在彩钢瓦的 BAPV 项目，也可以通过适当的方法调整方位角和倾角，还可以避开阴影遮挡，但 BIPV 项目，以建材属性为主，发电属性为辅，所以安装方位角和倾角不能随便调整，阴影遮挡也不可避免，但方位角、倾角和阴影对系统发电量影响极大，通常，BIPV 效率能到 60%，已经非常不错了，而 BAPV 项目，经过优化设计，效率通常能到 85%以上。

以 100kW 容量为例，综合电价按 0.7 元/kWh，在江苏常州的一个项目两者投资收益对比见表 2-2。

表 2-2　　投资收益对比

项目	投资（万元）	系统效率（%）	年发电量（万 kWh）	年收益（万元）	成本回收期（年）
BAPV	42	85	10.9	7.63	5.5
BIPV	70	60	7.6	5.32	13

可以看到，用晶硅 BIPV 组件去投资光伏项目，成本回收期在 13 年以上。

（3）普通建筑玻璃和 BIPV 组件对比。也许有人会说，可以把 BIPV 组件当作一件建筑材料，不和晶硅组件对比发电量，而是材料之间的对比，发电量只是 BIPV 的附加值。

但即使是材料之间的对比，成本也是非常重要的因素，目前建筑玻璃都是按平方米计划单价，普通双层中空玻璃，价格约为 200 元/m^2，光伏组件是按瓦来卖的，折合成面积，大约为 700 元/m^2，价格增加近 500 元/m^2。假如有一面 1000m^2 的墙，方向朝南，全部安装 BIPV 组件，大约可以安装 180kW，组件成本大约增加 50 万元，加上逆变器、线缆、人工等，系统总共增加 90 万元投资，垂直安装效率较低，在常州每年约 12 万 kWh，要超过 10 年的电费才能抵得上增加的费用。

而且安装 BIPV 组件之后，维护成本大大增加，需要经常清洗，才能保证发电量，更换组件成本也非常高，目前 BIPV 晶硅组件，安全性能还有提升的空间，薄膜组件，则是未来 BIPV 的一个发展方向，它的优势一是相对便宜，目前约为 2.5 元/W；二是弱光性能好，安装角度较差时，相对发电量比同功率的晶硅组件高；三是功率密度不大，安全性相对较高；四是阴影遮掩影响效果较少。

最近几年光伏出现了很多 1＋1＞2 的项目，如光伏＋蔬菜大棚、光伏＋水产养殖、光伏＋车棚，但是，光伏建筑一体化，成长之路还比较长，特别是晶硅 BIPV 组件，如果成本不控制到 2.5 元/W 以下，市场上很难有大的发展。

2.6.5　微型逆变器在 BIPV 的重要作用

光伏建筑的安全级别要高于光伏电站，因为建筑物发生意外起火，整个建筑将付之一炬，业主的人身及财产安全也将受到威胁。直流侧的高压造成的安全隐患，传统光伏组件采用串联方式连接，阵列中一串组件电压累加，会形成 600～1000V 的直流侧高压，容易发生直流拉弧，造成起火。在 BIPV 的应用场景中，人与光伏板接触紧密，从而对人类活动、人身安全构成极大的威胁。一旦电站发生火灾，因为光照，直流侧的直流高压便会一直存在，消防人员将无法进行救火工作，将会变得十分危险。

在微型逆变器系统中，每块组件并联入电网，且直流端电压小于 40V，避免了高压直流电弧火花引起的火灾风险。微型逆变器技术，可以从根本上消除直流高压的安全隐患。

（1）安装和运行维护方便。在光伏建筑一体化（BIPV）系统中，太阳能电池组件的安装首先涉及太阳能组件的安装角度和安装方向问题。采用微型逆变器，逆变器与光伏组件集成，可以实现模块化设计、实现即插即用，系统扩展简单、方便。微型逆变器体积小，基本不独立占用安装空间，分布式安装便于配置，能够充分利用空间和适应不同安装方向和角度的应用。

（2）运行维护变得更加方便、快捷。系统一旦发生故障，运行维护人员无须爬上屋顶一块块掀开组件板来定位问题组件，只需要通过组件级的监控界面实现快速定位，甚至可以进行远程操作，解决问题。

（3）避免短板效应。在实际应用中，建筑物由于各个屋面、墙面朝向的问题，不同安装位置的太阳能电池组件其安装角度和方向不可能完全一致，这就决定了其发电效率、发电的瞬时功率无法保证完全一致，而会带来短板效应。阴影遮挡也是造成短板效应的主要原因之一。当阵列中的某一块组件受到影响时，其发电效率将会大大减小，从而对整个系统的发电量产生显著影响。

2.6.6 从低压 60V 微型逆变器到高压 1500V 系统

光伏系统最近在向两个极端发展，一个是微型逆变器，组件以单块或者多块并联进入逆变器，直流电压最高不超过 60V；另一个是 1500V 系统，组件最多可以串 32 块进入逆变器，直流电压最高达到 1400V。

1500V 系统是在我国率先应用，目前在印度、越南、中东、南美等地区应用最多，据 IHS Markit 预测，2021 年在大型地面电站中，1500V 系统占了 70%以上。而在北美地区，逆变器市场上，Solaredge（微型逆变器和单相组串逆变器＋优化器）和 Enphase 逆变器（微型逆变器）有好的表现：SolarEdge 逆变器占据 60%的美国户用市场份额，Enphase 逆变器则拥有 20%，两家企业在美国户用光伏逆变器市场占绝对主导地位。Enphase 公司 2019 年收入预计为 6.19 亿美元，约 40 亿人民币。

对比系统效率，可以发现微型逆变器效率约为 96%；1500V 逆变器效率基本上能在 99%以上。但是，由微型逆变器做成的光伏系统，总体系统效率能达到 90%以上；而 1500V

系统效率，一般都在80%以下，两者相差近10%。其原因如下。

（1）组件的一致性损失。组件串联，总功率是由最少的一块决定的，因此每一块组件的衰减、光伏接头的内阻、直流电缆的内阻等都会影响整个回路的功率输出，微型逆变器两对接触点，单相组串式逆变器12对触点，1100V逆变器24对接触点，1100V逆变器24对接触点，这些触点的电阻都会累积。

（2）直流的效率。微型逆变器组件和逆变器的距离小于1m，导致微型逆变器系统直流线路损失、MPPT追踪损失非常少；1500V系统的组件和逆变器的距离最长为150～200m，直流线路损失、MPPT追踪损失相对较大。

（3）交流部分的损耗。微型逆变器贴近用户负载，不需要升压，交流线路也很短，因此交流损耗也很少。而大型电站，有交流汇流箱、升压站，设备多，线路长，交流损耗也就很大。

微型逆变器和1500V系统逆变器代表两种技术方向，应用于不同的场合，各有其优势和缺点。微型逆变器主要用于户用市场，其优势是安全，安装和维护方便。而1500V系统逆变器，主要应用在大型电站，优势是电压高，可以节省逆变器和后面交流部分的费用。

2.7 智能逆变器与智能跟踪支架相结合的新技术

以前，在光伏系统中，逆变器是唯一的智能设备，一台逆变器有多达2～4块CPU，指挥整个系统运行；逆变器里面有电流、电压、电阻、温度传感器，时刻检测外界和内芯的运行情况。功率器件开关管，能把太阳能板发出来的直流电转变成交流电。逆变器还有双向通信功能，能够把系统的运行情况上传到云平台，方便用户查看，还可以接受厂家指令，改变逆变器的运行状态。

现在除逆变器外，太阳跟踪系统也智能化了。太阳跟踪系统可以根据光照情况改变角度的支架，能够减少组件与太阳直射光之间的夹角，尽可能多地获取太阳辐照，产生更多电量。在全球光伏发电价格不断下调的背景下，光伏技术开发人员、投资者和经营者，希望有一种经济模式，能使得光伏项目的投资回报最大，跟踪支架则是一个比较好的选择。

1. 跟踪器原理

现在有两种太阳能跟踪技术。一种是以光学检测技术，即用光学检测传感器监视太阳的运动方向，从而控制支架系统追踪太阳的运行，类似逆变器的MPPT功能；另一种是时控，根据地理位置和当地时间实时计算太阳光的入射角度，调整支架角度使光伏组件达到指定角度，又称天文控制方式。所以太阳能跟踪系统有检测系统、控制系统和执行系统，是一个完整的智能系统。

太阳能跟踪系统产品分为单轴和双轴两种。平单轴跟踪系统，适合相对较低的纬度。

而带倾角的平单轴系统和斜单轴则通常用于较高纬度。如果项目要求尽量多地发电，双轴太阳跟踪系统就是一个好的选择，它能够让太阳能组件始终处于一个最佳的方位来获得太阳的照射，因此能够获得最大的产出。

根据 Wood Mackenzie 报告，2018 年全球跟踪支架出货量首次超过 20GW，共 7 家企业年出货量超过 1GW，2019 年全球跟踪支架出货量为 35.2GW，2020 年全球跟踪支架出货量为 47.5GW，2021 年全球跟踪器出货量达到 54.5GW。不同的产品，不同的荷载下的价格差比较大，目前联动平单轴单价为 0.5～0.7 元/W，联动斜单轴为 0.6～0.8 元/W、双轴为 0.7～0.9 元/W，较之固定式支架相比投运后发电量可提升 10%、15%、20%以上，但用地面积可能增加 30%左右。组件决定电站发电效率，逆变器是联结各零部件的关键枢纽，线缆是能量传输的渠道。支架支撑起整套系统，以最佳角度获取太阳辐照。

2. 光伏支架跟踪器和组串式并网逆变器技术交叉点

（1）跟踪器需要电源，目前平单轴跟踪系统，可接 90 块组件，需要电源较小，24V、80W，可由组件直接供电；多轴跟踪系统，需要 1～3kW 的三相电源，可由逆变器端提供。

（2）跟踪器需要通信线，可以和逆变器共用。

（3）跟踪器也需要监控系统，目前有几个厂家开发了监控系统，可以在网页上观看，但还没有开发手机 App 监控系统，如果把跟踪器的监控和逆变器的监控汇在一起，从逆变器的手机 App 也可以看到跟踪器的运行情况，则可方便很多。

（4）逆变器有很强大的芯片和精准的采样电路，时时采集输出功率和电流，作为 MPPT 追踪之用，跟踪器也要时时采集光照情况，如果两者互相通信、相互参考，可以提高追踪精度，增加系统发电量。

跟踪支架＋双面组件＋智能逆变器融合应用，采用智能跟踪支架控制，融合平单轴自动跟踪技术，能让太阳能板像向日葵一样逐光而动，比传统光伏电站发电量提高 20%以上。

第 3 章　光储微电网系统建设与投资分析

随着光伏、风电等可再生能源发电技术的发展，分布式发电日渐成为满足负荷增长需求、提高能源综合利用效率、提高供电可靠性的一种有效途径，并得到广泛的应用。分布式光储微电网系统形式多种多样，应用面广，而且直接面向用户，需要根据具体情况去设计。光储微电网系统同光伏并网发电系统对比，增加了储能电池，成本增加，需要增加收益，提升效率和寿命，引入新的技术和产品，降低系统成本，才能做到收支平衡。

3.1　光伏发电的商业模式

光伏发电的商业模式，一种是集中式电站，一般采用全额上网的方式，就是所有的发电，都由电网公司收购；另一种是“自发自用，余电上网”模式，光伏优先给负载用电，如果负载用不完，再由电网公司收购。还有一些地方，电网公司由于各种原因，不能收购多余的电网，这时候就需要采用“自发自用，余电不上网”模式。

3.1.1　余量上网的模式

“自发自用，余电上网”是分布式光伏发电的一种商业模式。对于这种运行模式，光伏并网点设在用户电表的负载侧，需要增加一块双向计量电表。用户自己直接用掉的光伏电量，以节省电费的方式直接享受电网的销售电价；反送电量单独计量，并以规定的上网电价进行结算，按照国内目前的政策，如果光伏电站产权清晰明确，当地电网具备消纳条件，电网企业应该按照当地脱硫燃煤标杆电价收购光伏上网电量。分布式光伏发电项目自用电量免收随电价征收的各类政府性基金及附加、系统备用容量费和其他相关并网服务费，并纳入全国统一的指标规模管理。

“自发自用，余电上网”电气原理图如图 3-1 所示。

全国各地脱硫燃煤标杆电价见表 3-1。

随着光伏电站容量的增加，光伏补贴越来越多，政府的负担越来越重，因此光伏补贴的规模越来越少，对光伏余量上网的管理也越来越严。光伏发电受光照的影响，发电不稳定，当装机容量超过电网容量的10%时，会对电网的安全性造成影响，因此对新装光伏的容量会有所限制；还有一些地方，产权不是很清晰，无法备案，因此就没有办法卖电给电网公司，只能自发自用。

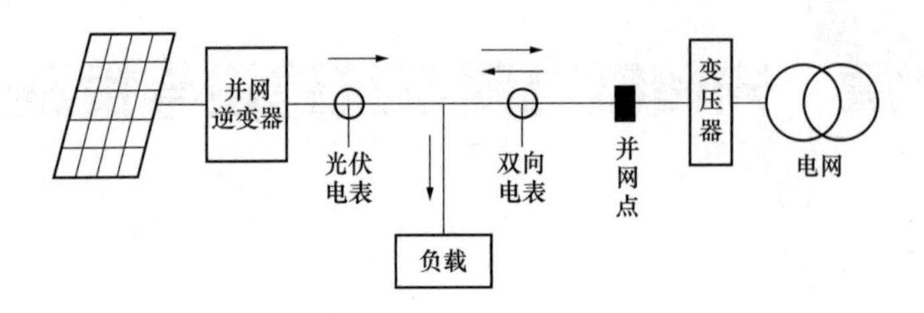

图3-1 “自发自用，余电上网”电气原理图

表3-1 全国各地脱硫燃煤标杆电价（到2022年12月）

序号	光照资源	省份	电价（元/kWh）
1	一类	新疆	0.25
2	一类	宁夏	0.2595
3	一类	内蒙古西部	0.2829
4	一类	甘肃	0.3078
5	一类	青海	0.3247
6	一二类	西藏	0.25
7	二类	内蒙古东部	0.3035
8	二类	山西	0.332
9	二类	陕西	0.3545
10	二类	云南	0.3358
11	二类	天津	0.3655
12	二类	北京	0.3598
13	二类	河北北部	0.372
14	二类	辽宁	0.3749
15	二类	吉林	0.3731
16	二类	黑龙江	0.374
17	三类	四川	0.4012
18	三类	贵州	0.3515
19	三类	河北南部	0.3644
20	三类	河南	0.3779
21	三类	安徽	0.3844
22	三类	山东	0.3949

续表

序号	光照资源	省份	电价（元/kWh）
23	三类	福建	0.3932
24	三类	江苏	0.391
25	三类	重庆	0.3964
26	三类	湖北	0.4161
27	三类	江西	0.4143
28	三类	上海	0.4155
29	三类	广西	0.4207
30	三类	浙江	0.4153
31	三类	海南	0.4298
32	三类	湖南	0.45
33	三类	广东	0.453

对于不能卖电给电网的光伏电站，目前有两种解决方案，一是加一个防逆流装置，在并网点安装电表或者电流传感器，当检测到有电流流向电网时，降低逆变器输出功率；二是加装储能装置，也是在并网点安装电表或者电流传感器，当检测到有电流流向电网时，逆变器输出功率不变，启动双向变流器，把多出的电能储存在蓄电池中，等光伏功率下降或者负载功率增大时再放出来。

3.1.2 光伏系统防逆流方案

目前光伏防逆流有两种解决方案，一种是单机防逆流方案，一台逆变器配一个双向数字电表，逆变器和电表通过 RS-485 接口通信，双向电表安装在并网点，当逆变器检测到电表有电流流向电网时，立即改变工作模式，从 MPPT 最大功率跟踪工作模式转到控制输出功率工作模式，逐渐降低功率，直至输出电流为零。这种方式适合于 80kW 以下的单机模式，接线简单，成本低，方便可靠，要求逆变器有 RS-485 接口。单机防逆流电气原理图如图 3-2 所示。

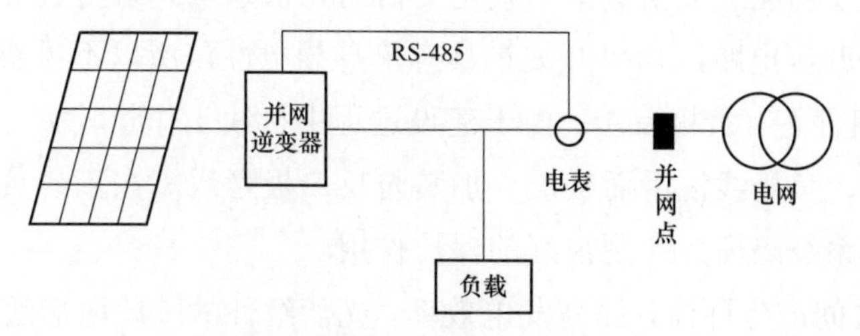

图 3-2　单机防逆流电气原理图

如果逆变器超过 1 台，建议使用多机防逆流方案，如图 3-3 所示，多台逆变器通过

RS-485 接口串联，连接到数据采集器，电流互感器检测每一相电流，信号传送到电表，连接到数据采集器，再通过路由器，连接到以太网。通过远程操作，设置服务器地址和防逆流参数。这种方式适合于 80kW 以上的多机模式，接线和调试比较复杂，但功能更强大，容量更大，要求逆变器有 RS-485 接口，安装现场有以太网。

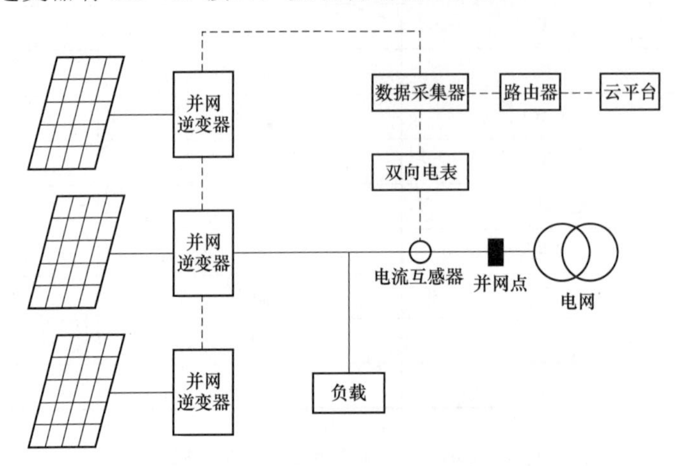

图 3-3　多机防逆流电气原理图

3.1.3　光伏系统中的防逆流设备

在光伏系统中，能量的流动方向是光伏组件-逆变器-负载-电网，而在电网系统中，能量的流动方向是电网-负载，与之不符，就是逆流。常说的光伏系统防逆流，其实包括两个方面，一是如果直流系统出现短路或者接地等故障，防止别的组件电流倒流，引起事故；二是有些地方只允许光伏发电自发自用，防止电流流到电网。

（1）直流端的防逆流，主要采用防反二极管来实现。利用二极管的单向导电性，在每个组串的正极串联一个防反二极管。主要作用是防止因光伏组件正、负极反接导致的电流反灌而烧毁光伏组件；防止光伏组件方阵各支路之间存在压差而产生电流倒送，即环流；当所在组串出现故障时，作为一个断开点，与系统有效隔离，在保护故障组串的同时，为检修提供方便。这个功能主要用于集中式逆变器的光伏系统。组串式逆变器的光伏系统，因为前端有 MPPT 升压电路，功率开关管具有单身导电性，所以不需要配备防反二极管。

1）防止光伏组件正、负极反接。由于建设过程中接线工作量较大，难免出现光伏组件串联至汇流箱时正、负极线混淆而接反。加装防反二极管后，在正、负极接反运行的情况下，将接反组串与系统隔离，起到很好的保护作用。

2）防止组串之间产生环流，提高发电效率。光伏组件故障或阴影遮蔽使该组串的输出电压低于其他组串，光伏组件因干净程度、散热效果、损耗程度不同而存在一定电压差。电压差会造成高电压支路的电流通过汇流箱内的汇流排或汇流箱上级的汇流排流向低电压支路，从而在组串内部产生环流。环流时低电压组串作为高电压组串的负载，高电压组串既降低电压又损耗电能。当高电压组串电压降低时，输出功率、发电效率也降低。损失的电能会转换成热能使光伏组件温度升高，光伏组件温度升高不仅降低发电效率，还会加速热斑效应。防反二极管的存在，任何情况下均可将各组串隔离，防止互相干扰。因此，组串间环流和发电效率降低的情况可有效避免。

3）检修方便。当组串出现故障时，防反二极管可将故障组串与系统隔离，不但保护故障组串，还防止有故障的组串对别的正常组串产生干扰，防止故障范围扩大。在不影响其他设备正常运行的情况下进行检修，减小停电范围，提高系统发电效率。对于无人值守或少人值守的电站，其故障响应时间长、组串带病工作的时间长，防反二极管起到很好的保护作用。

（2）交流端的防逆流，主要由并网点的电流检测装置和逆变器来实现。在电力系统中，一般都是由配电变压器向电网内各负载送电，称为正向电流。安装光伏电站后，当光伏系统功率大于本地负荷的功率时，消纳不完的电力要送入电网，由于电流方向和常规不一样，所以叫逆流。目前，有些地方的电力部门只允许光伏系统并入市电电网，但不允许剩余电力通过配电变压器向大电网馈电。防逆流装置可以解决这类问题。

3.1.4 防逆流系统如何选择地点安装电流检测装置

检测上网电流的电流互感器和防逆流电表，从理论上讲，应安装在用户侧上网电表的旁边，中间没有负载，这样才能 100%检测有没有电流流向电网；但在实际安装中，大部分厂房也安装在这里。由于工厂条件不一，下面这些地方安装电表就不是很方便：①计量电表在变压器高压侧，有的工业区面积较大，用电较多，产权分界点在变压器的高压侧；②光伏容量较少，但工业区整体用电量大，并网点容量很大，需要用很大的电流传感器或者电表；③逆变器和并网点距离很远，铺设电缆不方便。

如图 3-4 所示的一个工业厂区，工业区有多栋楼，工业区的计量电表安装在变压器的 10kV 的高压侧图（3 处），在 A 栋屋顶安排一个 40kW 的电站，供电公司要求不能送到电网，只能自己用，按照正常的流程，防逆流检测电表也应该安装在这个地方，但是如果出现下面情况，防逆流检测电表可以安装在图示的 1 处或者 2 处，甚至不安装也可以。

（1）如果 A 栋负载绝大部分时间都大于 40kW，只有极少数时间小于 40kW，并且电站投资方可以接受少量的电费损失，防逆流检测电表安装在图 1 处，即 A 栋的交流开关处，也是可以的。

（2）如果 A 栋负载绝大部分时间都小于 40kW，但工业区别的厂房又可以消耗，而且电站投资方愿意把用不完的电无偿给别的厂房使用，防逆流检测电能表就可以安装在图 2 处，即变压器低电压侧处。

（3）如果在变压器高压侧 3 处，每一个时刻，负载消耗都大于 40kW，那么可以不安装防逆流系统。

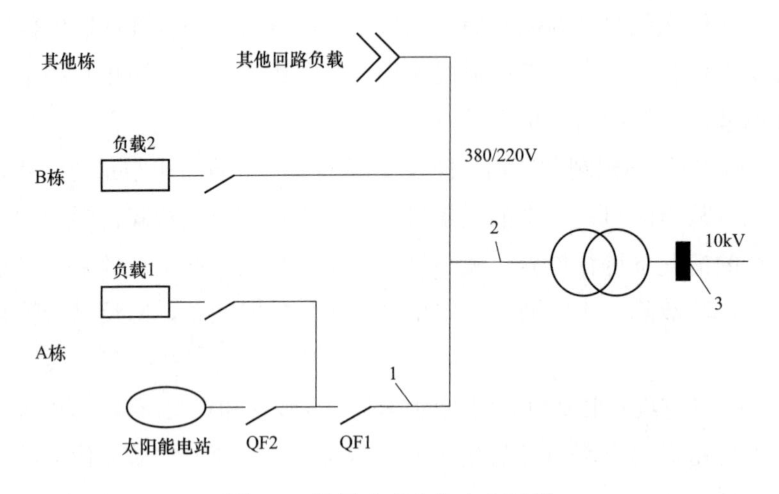

图 3-4　计量电表安装在高压侧

3.1.5　光伏储能系统

加装防逆流装置，成本比较低，但会浪费一些光伏发电，适合于短时间、小功率的系统，如果光伏装机远大于负载功率，或者长时间大于负载功率，建议使用储能装置，如图 3-5 所示，系统由光伏组件、储能逆变器、蓄电池、电流互感器、负载等组成，当检测到有电流流向电网时，启动双向变流器，把多出的电能储存在蓄电池中，等光伏功率下降或者负载功率增大时再放出来。

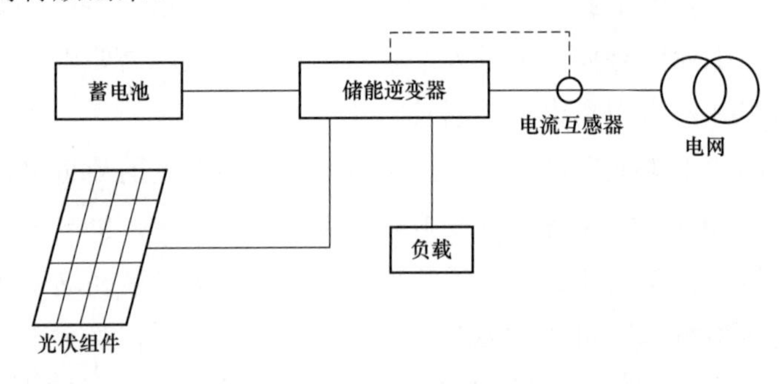

图 3-5　光储系统原理图

“光伏＋储能”是目前最为可靠、最有潜力的一种方案，不仅可以减少防逆流的电量损失，在峰谷电价差价较大的地区，可以在波峰时输出电能，减少电费开支，在电网停电时，系统可以组成一个离网系统，为负载提供应急电源。

正常情况下，光伏发电用不完，卖给电网是最好的选择，不会增加成本，脱硫电价虽然比自用电价低一点，但总比浪费好。在特定的场合，不允许送电上网，也可以加装防逆流装置或者储能，创造条件安装光伏，如果光伏浪费的电量不是很多，可以配置防逆流装置，成本低，安全可靠；如果光伏容量比负载长时间大很多，建议配置储能，除了不浪费电量外，还可以设定在电价高时放电，提高收益，停电时还可以作为备用电源使用。

3.2 工商业屋顶如何建设光伏电站

分布式工商业光伏项目，由于电价相对较高，且光伏发电和负荷用电相对同步，自发自用比例高、投资收益高，成为大家争取的目标。

但是，并不是每一个屋面都适合安装光伏电站，首先要确定企业经营情况，房屋产权，用电价格；其次就要实地勘探屋面条件，要确认屋顶的承载能达到安装光伏电站的要求，屋面设备情况，是否有风机、气窗、采光带、空调，是否有女儿墙，女儿墙高度以现场实际测量为准，厂房周边是否有高层建筑物，少量的阴影遮挡会系统输出功率下降，还有厂房的电网环境、供配电设施等。

3.2.1 工商业屋顶前期现场勘探情况

在安装光伏之前，前期需要现场考察和勘探，需要收集建筑物的情况、建筑物屋顶情况、配电设施及并网点等。

1. 建筑物的情况

建筑物的情况包括建筑物的产权、寿命、朝向、荷载等情况，需要实地勘探屋顶朝向倾角、现场有无遮挡物。航拍图至少需要多张不同角度图片和环绕视频、多张高俯拍图、东西45”度角侧拍图、房屋正视图，要注意防止拍摄屋顶时的畸变，全面了解屋顶的各个情况。

（1）建筑的产权。如果投资方不是建筑物的业主，要注意建筑物的产权归属，如果是政府机关、学校、医院、车站等公共建筑，产权明确无争议，则适宜开发；如果是租赁的厂房，则要和业方签订合同确认，如果没有正规的房产证，投资风险就比较大。

（2）建筑屋顶的寿命。光伏电站需要运营25年，一般要8～10年才能收回全部成本，在项目开发时，需要了解屋顶能使用的年限，年限太短不适宜进行开发，一般要超过20年。

（3）建筑屋顶朝向。从发电量的角度出发，最佳倾角和朝南的方向无疑是最好的，但大部分屋顶都达不到这个条件，踏勘时需量出屋顶方位角、屋顶倾斜角度和周围遮挡物如女儿墙的高度，用光伏模拟软件先算出发电量和收益，再决定是否投资。

（4）建筑屋面荷载。屋面荷载分为恒荷载和可变荷载。恒荷载是指结构自重及灰尘荷载等，光伏电站需要运营25年，其自重属于恒荷载。通常钢结构厂房上装光伏系统每平方米会增加15kg的重量，砖混结构厂房的屋顶每平方米会增加80kg的重量。在项目考察时，需要着重查看建筑设计说明中恒荷载的设计值，并落实除屋面自重外，是否额外增加其他荷载，如管道、吊置设备、屋面附属物等，并落实恒荷载是否有裕量能够安装光伏电站。

可变荷载是考虑极限状况下暂时施加于屋面的荷载，分为风荷载、雪荷载、地震荷载、活荷载等，是不可以占用的。特殊情况下，活荷载可以作为分担光伏电站荷载的选项，但不可以占用过多，需要具体分析。

（5）用户用电量及用电价格。工商业光伏发电投资价值高，最重要的是工商业电价高，自发自用比例高，因此要考察企业的用电量和电费，企业年、月、日均用电量，白天光伏发电时的用电量，节假日有没有用电，用电量是多少。余量上网采用当地的脱硫电价。

（6）建筑物内的电网质量。光伏并网逆变器连接电网，电网质量会对逆变器运行产生影响，如果有吊车、电焊机、龙门铣床、电弧炉等大功率感性设备，在启动和关断之间，同时伴随大量的谐波，会对逆变器产生冲击。质量较差的地方安装光伏系统，需要增加电能质量改正的设备，如有源滤波器（APF）、静止无功发电器（SVG）等。逆变器的并网点尽量远离用电设备，如直接升压到中压10kV并网，可以回避谐波等电能质量风险。

2. 建筑物屋顶情况

建筑屋顶主要有彩钢瓦、陶瓷瓦、钢混等几种，彩钢瓦分为直立锁边型、咬口型、卡扣型、固定件连接型。前两种需要专用转接件，后两种需要打孔固定；陶瓷瓦屋面可以使用专用转接件，也可以不与屋面固定，利用自重和屋面坡度附着其上；钢混结构屋面需要制作支架基础，考虑屋面防水、抗风载能力、屋面设计荷载等因素。

常见有三种屋面，彩钢瓦屋面、混凝土屋面，瓦屋面。

（1）彩钢瓦屋面。要确认彩钢瓦的瓦型（角驰型、梯型、直立锁边型等），彩钢瓦屋面破损、腐蚀生锈、防水情况。彩钢板屋面结构承重能力达到20kg/m^2，如屋面不满足承载力要求，应对原建筑加固后再进行光伏组件安装；彩钢板有无严重锈蚀、漏雨及破损情况，已使用年限不超过3年，可以由专业公司替换彩钢瓦安装光伏。

（2）混凝土屋面。混凝土屋顶结构承重能力达到40～60kg/m^2。如屋面不满足承载力要求，应对原设计进行调整，使用更轻型的支架方案，或者减少光伏系统的安装容量再进行光伏安装；房屋整体结构未发生严重影响建筑安全的变形；屋面防水层未受到严重破坏，无漏水情况，否则需先重做防水。

（3）瓦屋面。各种类型可使用挂钩的瓦片，如筒瓦、平板瓦、罗马瓦等。根据瓦型选择不同的挂钩。

1）油毡沥青瓦：需要使用专业的支架结构来安装。

2）小青瓦：传统中国青瓦，不建议安装，防水性能太弱，也可以直接换掉屋面瓦片，使用嵌入式系统来安装。

如果是高层建筑，还需要考虑安装和运行维护等问题：如何把光伏组件、逆变器、支架等材料安全运送到屋顶；逆变器要安装在地下的配电房，与屋顶有着相当长的距离，如何连接光伏电缆；高空是怎么保证施工人员安全和电站后期的安全。

如果业主方要求光伏电站是加层，还要考虑当地城管的法规要求，有些城市不允许加层，有些城市有限高的要求，如广东深圳规定，光伏电站安装高度不大于2.2m。

3. 配电设施及并网点

配电设备是光伏电站选择并网方案的根据之一，主要考查内容有：

（1）厂区变压器容量、数量、母联、负荷比例等；

（2）厂区计量表位置、母排规格、开关规格型号等；

（3）厂区是否配备独立的配电室，配电设备是否有备用的间隔，如没有是否可以压接母排；

（4）优先选择变压器总容量大、负荷比例大的用户；

（5）查看进线总开关的容量，考虑收益问题，光伏发电系统的输出功率不宜大于户用开关的容量；

（6）以走线方便节约的原则，考虑逆变器、并网柜的安装位置。

虽然新标准取消了光伏容量要小于变压器容量25%的限制，而且还没有规定上限是多少，但是根据经验，当光伏容量超过变压器容量80%时，工厂内电能质量会下降很多，因此建议光伏容量不要超过变压器容量的80%。

工商业可选择单点并网和多点并网，各有好处，单点并网是集中在一起，便于管理；多点并网是多个地方就近并网，交流线路短，效率高。可根据实际情况选择。

3.2.2 复杂工商业屋顶如何设计

随着工商业光伏不断推进，大型的、平坦的、朝向好的、无遮挡的水泥或者彩钢屋顶会越来越少，剩下的可能是多角度的、多朝向的、有遮挡的、多种结构的屋顶，如何在这些复杂屋顶设计光伏电站，既要控制成本，又要保证发电量，还要安全可靠，是设计师和投资方最关心的问题。

1. 多角度的、多朝向的屋顶

根据电路串联原理，同一个回路，电流的大小是由最小的一块组件决定的，在设计时，要让每一个逆变器的每个回路的组件型号、安装角度，组串数量都保持一致。逆变器每个MPPT回路都是独立运行的，相互之间不干扰，因此不同的MPPT回路可以不一样。

在地形复杂的屋顶，可以根据局部一致性的组件数量，选择多台逆变器或者多路MPPT

的逆变器，目前逆变器技术成熟，已经解决了多台逆变器并联的谐波问题，不同功率的逆变器，在电网端并在一起，也没有任何问题。

三相逆变器和单相逆变器，也可以并在一起，我国工商业和民用系统中，绝大多数是TN系统。并网逆变器接入电网，三相逆变器是3根相线、1根中性线、1根地线，单相逆变器是1根相线、1根中性线、1根地线，如果已有三相电网，单相逆变器只要接入1根相线和1根中性线、1根地线就可以了，因此电气上是不存在问题的。

三相四线制有功电能表与单相电能表不同之处，只是它由3个驱动元件和装在同一转轴上的3个铝盘所组成，它的读数直接反映了三相所消耗的电能。三相是单独测量，允许三相不一样，因此如果一相功率增加了，不会影响另外两相。

单相逆变器接入电网，要注意两个问题：①三相不平衡的问题，因此要尽量把单相逆变器接入负荷最大的那一相；②如果负载三相是平衡的，单相功率不宜太大，最好不要超过负载功率。

2. 有阴影遮挡的屋顶

在光伏电站施工过程中，查看周围是否存在高大建筑、塔杆或树木对光伏组件形成阴影，以免造成光伏组串发电量损失，并且每个光伏组串的太阳能电池板要保持同水平高度相互串联，以防由于部分遮光，造成整个光伏组串发电量受损。如果实在是由于条件限制，不得不在有阴影的地方安装太阳能组件，可采取以下方法，尽量减少损失。

（1）太阳都是中午前后最强，在11～15时的发电量占80%以上，早晚的光线则要弱一点，如果可以调整组件角度，让阴影尽量避开发电高峰时间，这样可以减少一部分损失。

（2）让可能有阴影的组件，集中在一台逆变器，或者集中在一个MPPT回路上，这样有阴影的组件，就不会影响正常的组件了。

3. 安装角度不是最佳的屋顶

光伏组件的安装角度包含倾角、方位角两个角度。

（1）倾角（高度角）：光伏组件与水平地面之间的夹角；

（2）方位角：光伏组件的朝向与正南方向的夹角。

无论是倾角的变化，还是方位角的变化，都会对光伏项目发电量造成影响。

由图3-6可以看到，如果假定组件在最佳安装角度是100%，如果倾角不对，发电量损失就比较大，垂直安装效率只有59%。

在北方高纬度地区的工业彩钢厂房，倾斜角度一般只有10°左右，如果按照10°去安装光伏组件，光伏效率比较低，损失比较大，这时候可以采用彩钢瓦带角度太阳能支架，适当增加安装角度，提高光伏系统的效率。不过在设计时，要注意几点，在沿海地区，要注意台风，因为角度升高会产生负风压，支架的抗风设计要超过当地的最强台风载荷；在北方地区，还要注意积雪的雪载荷和融雪通道。彩钢瓦带角度太阳能支架如图3-7所示。

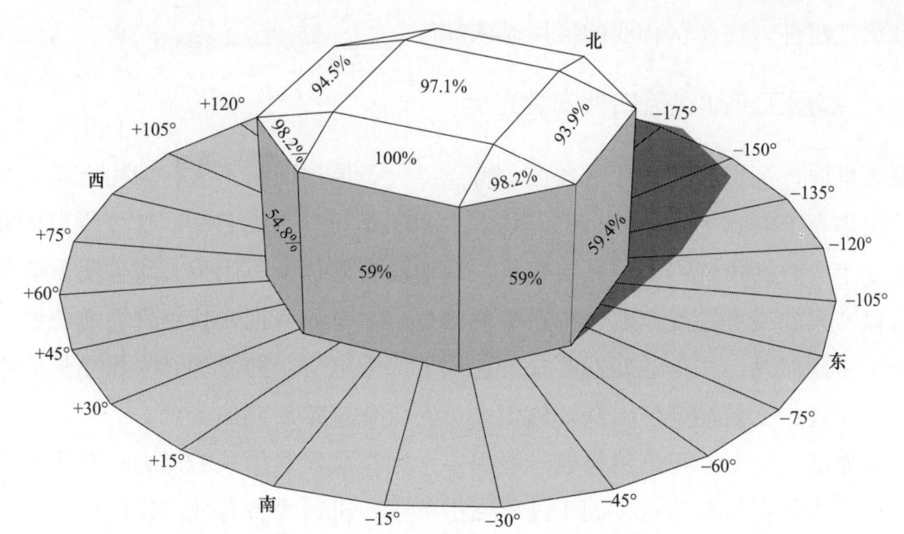

图3-6 不同倾角的光伏系统效率图

图3-7 彩钢瓦带角度太阳能支架

4. 承载不足的屋顶

有些效益好的企业屋顶可能比较旧，满足不了载荷的要求，安装光伏要加固屋顶，但是厂家可能不同意停产加固。还有一些机场、商场等屋顶都是玻璃顶的，业主既想安装光伏，又不想破坏以前的玻璃结构。

目前有一种晶硅柔性组件，没有玻璃，采用优异的N型单晶电池，厚度只有150～160μm，可以弯曲，而且很轻，$1m^2$只有4kg左右，组件的效率也与常规晶硅组件差别不大，但重量比常规的双玻组件轻80%以上，适合安装在承重不足的屋顶。玻璃屋顶可以用，用结构胶粘上去就可以了，安装非常简单，不增加额外的承重。

面对越来越复杂的屋顶，光伏行业发挥了集体的智慧和力量，攻克了一个又一个困难，如逆变器厂家攻克多机并联谐波问题，支架厂家发明彩钢瓦带角度太阳能支架，组件厂家发明晶硅柔性组件，使光伏行业的应用越来越广。

3.2.3 高层工商业建筑如何安装光伏

在城市里面，高层建筑商业区较大，特点：一是屋顶面积不大，但用电量很大，也没有像工厂那样有节假日不用电的情况，基本上 90%都可以自发自用，即使没有国家补贴，也可以在 6 年内收回投资；二是高层建筑，周边没有遮挡，不用担心组件阴影的问题。

在人口密集的地方高处作业，也在很多难点：一是如何把光伏组件、逆变器、支架等材料安全运送到屋顶；二是逆变器要安装在地下的配电房，与屋顶有着相当长的距离，如何连接光伏电缆；三是高处怎么保证施工人员安全和电站后期的安全。

（1）保障施工安全：在高层作业一般需要考虑高层建筑屋顶的风力；对于架空施工，则需考虑施工人员在材料搬运、施工过程当中坠落、机械设备有效固定等问题；屋面施工人员必须佩戴安全帽、安全带，并使用保险绳保护施工人员。

（2）材料吊装：如需要通过货梯转运，货梯的有效高度一般为 3.1m 左右，所有设备设施、材料的长度、宽度都不能超过 3m，货梯内必须做好防护措施，以免施工材料划伤货梯内部。支架、钢材需在地面切割成 3m 一根，到屋面安装时再通过焊接、螺栓等方式连接起来。推荐采用带安全管道的高层塔式起重机，虽然费用很高，但施工方前期材料准备充分，一次性吊装，全程非常安全。

（3）保障电站安全：设计时考虑高层建筑的风力、风速，一般沿海城市高处安装光伏考虑风力不低于 15 级，混凝土基础最好是按照圈梁形式浇筑，内置钢筋笼。基础尺寸根据现场实际情况确定。传统压块安装方式不足以抵抗 15 级风力，要采用 U 形螺栓紧固方式安装，支架连接螺栓采用高强度不锈钢材质。

组件到逆变器的直流电缆如何铺设，也是一个大难题，逆变器安装在地下室的配电房，离屋顶组件的距离很远，电缆布线要由上至下，层层推进，兜兜转转进入到检查井，按照正常的设计，1 个组串需要 2 根正、负极直流电缆，电缆铺设难度相当大。项目设计人员和逆变器厂家多次沟通，根据项目的安装角度和方位都一致，又没有遮挡的特点，推荐采用高效单路 MPPT 逆变器，组件在屋顶先汇流，采用面积大的直流电缆，这样铺设及运行维护就更加方便。

3.2.4 不能卖电给电网的地方，如何选择防逆流和储能

随着光伏电站容量的增加，很多地方由于无法消纳，要求新装光伏，只能自用，不允许送到电网。对于不能卖电给电网的光伏电站，目前行业内有两种解决方案，一是加防逆流装置，在并网点安装电表或者电流传感器，当检测到有电流流向电网时，降低逆变器输

出功率；二是加装储能装置，也是在并网点安装电表或者电流传感器，当检测到有电流流向电网时，逆变器输出功率不变，启动双向变流器，把多出的电能储存在蓄电池中，等光伏功率下降或者负载功率增大时再放出来。

在特定的场合，不允许送电上网，也可以通过加装防逆流装置或者储能系统，创造条件安装光伏，那么，如何选择防逆流和储能系统？

从成本上看，安装一套防逆流系统，单相单机系统，价格约增加 500 元；三相单机系统，价格约增加 1000 元；三相多机系统，价格为 4000～5000 元。而储能系统，包括储能变流器和蓄电池，价格为 2000～3000 元/kWh，分摊到 1kWh，为 0.4～0.6 元。

在 30kW 以下的小系统，如果光伏自用比例在 80%以上，超出的电量不是很多，每天总的度数在 15kW 以下，或者每天电费在 15 元以下；电价低于 0.5 元，接近安装储能的度电成本，建议配置防逆流装置，成本低，安全可靠。

如果光伏超过的容量大于 20%，或者光伏超过的功率大于 30kW，每天的电量超过 100kWh，电价高于 0.5 元的地方，建议配置储能，系统可以根据实际需求灵活设计；主要考虑在光照较好时的发电曲线、负载的用电曲线。

储能系统的设计，要根据项目的具体情况去设计。一是要测试一下用电的曲线、光伏发电的曲线，在光伏发电的高峰值，算出来有多少电可能会浪费。如光伏发电的曲线，在天气条件好的时候，是一个弧形的曲线，中午 12:00—13:00 最高，而工厂的负荷曲线，早上开工到 12:00 之前，可能比较平，中午 12:00—13:30 可能用电比较少，这时候就可以启动储能装置，把多余的量储存起来，等下午用电高峰时，再放出来。

如果是新安装的光伏电站，建议选用直流耦合的储能一体机，把控制机、逆变器、双向变流器集成在一起，可以节省初始成本，如果之前已经安装了光伏，再多加装一套储能系统，建议采用交流耦合的储能变流器，之前的光伏系统可以不用改动，只需加储能变流器和蓄电池就可以了。

[案例分析 1]

江苏某地工业厂房，光伏为 400kW，该地方不具备上网条件，这个厂房综合电价为 0.8 元/kWh，周一到周六上班，自用电比例约为 90%，负载大部分时间大于 500kW，中午 12:00—13:00 有一个小时，负载功率小于 240kW。周日放假，大部分设备停止运行，负载功率约为 50kW。经分析，平时周一到周六如果光照很好，如果安装防逆流系统，每天最多可能要浪费 150kWh 电，算到电费，大约每天 120 元，一年大约 280 个工作日，加上节假日 80 天，共计 4.32 万元，如果投入一套储能设备，需要的配置为 100kW/200kWh，成本约为 40 万，投资回收期超过 9 年，所以这种情况建议安装防逆流系统。

[案例分析 2]

江苏某地工业厂房，光伏为 500kW，该地方不具备上网条件，这个厂房综合电价为

0.8 元/kWh，周一到周六上班，自用电比例约为 70%，负载大部分时间大于 800kW，中午 12:00—14:00 有两个小时，负载功率小于 250kW。周日放假，大部分设备停止运行，负载功率约为 100kW。经分析，平时周一到周五如果光照很好，如果安装防逆流系统，每天最多可能要浪费 500kWh 电，算到电费，大约每天 400 元，一年大约 280 个工作日，加上节假日 80 天，共计 14.4 万元，如果投入一套储能设备，需要的配置为 250kW/500kWh，成本约为 100 万，投资回收期不到 7 年，所以这种情况建议安装储能设备，安装储能设备之后，还有别的价值，如在停电后，可以作为紧急电源使用。

对于不同上网卖电的光伏项目，有安装防逆流装置和储能装置两种方式，可以实现不送电到电网，防逆流装置投资较低，适合于电价较低、自用比例较高的地方；储能装置投资较高，适合于电价较高、自用比例不太高的地方。

3.3 光储系统中，提高系统使用寿命的方法

光伏系统中，要提高投资收益，需要增加光伏的发电量，光伏设备起到至关重要的作用。

3.3.1 提升逆变器的寿命

光伏逆变器是电子产品，受到元器件的限制，都是有一定的寿命的，但是，有很多逆变器，往往达不到设计寿命就坏了，实际使用寿命低于理论设计寿命。逆变器的寿命是由产品的质量和后期的安装和运行维护两方面来决定的。

影响逆变器使用寿命的主要因素如下。

（1）温度是影响逆变器寿命最重要的一个因素，温度过高会降低元器件性能和寿命，有研究表明，温度每升高 10℃，电解电容的寿命会减少一半，功率模块的故障率会增加一倍。逆变器本身是一个发热源，里面的功率模块、电感、开关、电缆等电路都会产生热量，所有的热量都要及时散发出来，不能放在一个封闭的空间，否则温度会越升越高。

1）逆变器要放在一个空气流通的空间，要和外界通风，如果是放在室内，里面的空间要大于逆变器体积 10 倍以上，建议安装排气扇等通风装置，条件许可还可以安装空调。

2）要尽量避免阳光直射，逆变器如果安装在室外，最好选择安装在墙边、支架下方，逆变器上方有屋檐或者组件挡住。如果只能安装在空旷的地方，建议在逆变器上方搭一个遮光挡雨的阳光棚。

3）多台逆变器安装在一起时，为了避免散热相互影响，逆变器出气口和另一台逆变器的进气口之间要留有足够的距离，至少要大于 0.5m。

4）逆变器安装的位置，尽量远离锅炉、电炉、燃油热风机、供暖管道等比较热的

地方。

5）逆变器输出功率越高，产生的热量就越高，从寿命的角度上看，光伏系统组件和逆变器的配比，不宜超配过多。

（2）元器件承受的电压越高或者电流越大，器件的寿命越短。

1）逆变器输入工作电压有一个范围，如200～1000V，意思是在这个范围内逆变器都可以工作，但并不意味在这个电压区间逆变器的寿命都是一样的。在组件功率一定的情况下，组串的电压不宜过高和过低，最好是把组串的电压配置在逆变器的额定电压左右，如单相输出220V的逆变器，组串电压配置在330V左右；三相输出400V的逆变器，组串电压配置在630V左右。这时候逆变器的效率最高，也最安全。如果把组串电压配置在800V左右，逆变器不仅效率会降低，功率器件和电流母线电容承受在高压状态，绝缘层的寿命就会降低，进而影响逆变器的寿命。

2）如果是相同的功率，把电压配置低些，增加电流，也会影响逆变器的寿命，一个60kW逆变器，如果直流电压配到600V，那么直流电流约为100A；如果直流电压配到400V，那么直流电流约为150A，逆变器的热量主要来自电流，如果这样配，热量会提高50%，逆变器的温度上升，寿命下降。

（3）给逆变器创造一个良好的外部环境，也非常重要。虽然逆变器是IP65的户外防护等级，能够防尘、防雨、防盐雾，但如果在干净的环境，比在脏污的环境，使用寿命还是会长一些。

1）在污染比较严重的地方，或者灰尘比较多的地方，逆变器最好封闭安装，因为是脏污如果落到散热器上，会影响散热器的功能，灰尘、树叶、泥沙等细微物也有可能进入逆变器的风道，影响散热。

2）电网的电能质量也会影响逆变器的寿命，电网电压不稳定，忽高忽低，电网谐波高，逆变器会启动保护机制，电压超范围就会停止运行，等电压正常时再工作，但经常重复启动，逆变器的寿命也会降低。另外，系统的接地、防雷、直流和交流电路绝缘，也会影响逆变器的寿命。

逆变器的设计寿命都是一样的，安装和运行维护是决定性的因素。为了提升逆变器的使用寿命，一方面要给逆变器创造一个良好的环境；另一方面要经常检查逆变器，保持逆变器的清洁、散热风道畅通、接线牢固。

3.3.2 提高蓄电池的寿命

在光伏储能电站中，寿命最短的部件就是蓄电池，但成本却是占比最大，从理论上讲，胶体铅酸蓄电池寿命可以达到5年，铅碳电池可以达到7～8年，锂电池可以达到10～12年，但在实际应用中，有的应用场合蓄电池3年不到就不能用了。经过多年的现场经验，发现蓄电池的寿命主要与蓄电池的充电、环境温度以及放电方式和放电深度有关。

1. 蓄电池的充电

从理论上说，充电电流越小越好。因为电流越小，反应生成的结晶物越细小，反应越充分，能储存的电量就越多；而且电流越小，电池发热越小，极板越不容易变形，就不会引起极板上有效物质的脱落。

多大的充电电流不会损坏蓄电池取决于电池的类型、容量和充电方式。

10h 充电率、100A 蓄电池就用 10A 电流充电 10h。如果条件允许，不受时间限制，充电时间略大于电池容量/充电电流，可以将充电电流降到 10A 以下。

储能逆变器一般是采用三段充电法充电的，也就是充电初期用较大电流（10h 充电率），随着电池电压的上升，充电电流自动逐步减小，直到电压达到终止电压时，自动停止充电。

三段充电法：太阳能控制器是以 MPPT 最大功率点工作，充电时间取决于电池容量和开始充电时电池状态。第二阶段均充，为恒压充电阶段，充电器充电电压保持恒定，充入电量继续增加，电池电压缓慢上升，充电电流下降；第三阶段浮充模式，蓄电池基本充满，充电电流下降到低于浮充转换电流，充电电压降低到浮充电压。

2. 蓄电池的环境温度

环境温度过高对阀控蓄电池使用寿命的影响很大。温度升高时，蓄电池的极板腐蚀将加剧，同时将消耗更多的水，从而使电池寿命缩短。阀控蓄电池在使用中对温度有一定要求。典型的阀控蓄电池高于 25℃时，每升高 6～9℃，电池寿命缩短一半。因此，其浮充电压应根据温度进行补偿，一般为 2～4mV/℃，而现有很多充电机没有此功能。为达到阀控蓄电池的最佳使用寿命，应尽可能创造恒温下的使用环境，同时保持蓄电池良好的通风和散热条件。具体来说，安放蓄电池的房间应有空调设备。蓄电池摆放要留有适当的间距，改善电池与环境媒介的热交换。电池间保持不小于 15mm 的间隙，电池与上层隔板间有不小于 150mm 的间距的通风道来降低温升。

3. 蓄电池的放电方式

蓄电池都有一个最大放电电流，放电倍率＝充放电电流/额定容量；例如：额定容量为 100Ah 的电池用 20A 放电时，其放电倍率为 0.2C。电池放电 C 率，1C、2C、0.2C 是电池放电速率：表示放电快慢的一种量度。全部的容量 1h 放电完毕，称为 1C 放电；5h 放电完毕，则称为 1/5＝0.2C 放电。一般可以通过不同的放电电流来检测电池的容量。对于 24Ah 电池来说，2C 放电电流为 48A，0.5C 放电电流为 12A。长时间过放，或者充电电流突然变化很大，都会降低蓄电池的寿命。

很多人都认为，只要有光伏就对蓄电池进行充电，这样会保护蓄电池不受亏电的影响，其实蓄电池的循环次数是一定的，就是说充电达到或超过这个次数的时候，蓄电池的报废时间就到了，因此充电也要看电量的多少再决定是否应该补充电量。

4. 蓄电池放电深度

在电池使用过程中，电池放出的容量占其额定容量的百分比称为放电深度（depth of discharge，DOD）。放电深度与电池寿命有很大的关系，放电深度越深，其充电寿命就越短，因此在使用时应尽量避免深度放电。蓄电池放电深度在10%～30%为浅循环放电；放电深度在40%～70%为中等循环放电；放电深度在80%～90%为深循环放电。

一般来说，蓄电池长期运行的放电深度越深，蓄电池寿命越短，放电深度越浅，蓄电池寿命越长。浅循环放电有利于延长蓄电池寿命。蓄电池浅循环运行，有两个明显的优点：第一，蓄电池一般有较长的循环寿命；第二，蓄电池经常保有较多的备用（Ah）容量，使光伏系统的供电保证率更高。根据实际运行经验，锂电池较为适中的放电深度是90%，铅酸电池较为适中的放电深度是70%。

铅酸电池不能过度放电。当蓄电池被过度放电时，会在电池的阴极造成“硫酸盐化”。因硫酸铅是一种绝缘体，它的形成必将对蓄电池的充、放电性能产生很大的负面影响。在阴极上形成的硫酸盐越多，蓄电池的内阻越大，电池的充、放电性能就越差，蓄电池的使用寿命就越短。小电流放电条件下形成的硫酸铅，要氧化还原是十分困难的，若硫酸铅晶体长期得不到清理，必然会影响蓄电池的容量和使用寿命。

3.4 逆变器与组件配比的方法

光伏组件是光伏电站最重要的设备之一，成本占了并网系统50%以上，组件的技术参数包括两方面，光伏电站设计时要注意。产品的电气参数，关系到光伏系统设计；产品的结构和应用参数，关系到产品的安装和运输，光伏组件是一个方阵，多个组件串并联之后，总功率是各组件之和，在配置逆变器时，要注意组串的电压、电流与逆变器的匹配。

3.4.1 逆变器匹配大电流组件

在2010年之前，硅片主要以对边距125mm的小尺寸硅片为主；到2010年后，156mm硅片成为行业主流；2013年底，156.75mm硅片成为行业主流并稳定了数年时间；到2018年下半年出现了166mm硅片，单块组件功率显著增加；到2019年，行定硅片厂家推出210mm和182mm的大尺寸硅片。

在光伏行业，降本增效一直是行业的主旋律，目前采用大硅片的组件，能够降低组件成本，提升组件效率。

组件厂商的推陈出新，功率不断增大，一定程度上给逆变器厂商带来了换代压力，需要逆变器厂商需要去匹配组件，跟上组件发展的潮流。组件的功率提升主要表现在电压和电流的提升。

逆变器和组件之间，主要有两个参数要匹配：组串输入电压、组串输入电流。如组串式逆变器电压范围一般在160～1000V之间，需要多块组件并联，把组串的电压匹配在逆变器的电压范围内就可以了，因此只是电压的提升，对逆变器没有任何影响，只是组件串联数量变化而已，这和单块组件功率大小关系不大；最重要的是输入电流，因为组件串联，电流都是一样的，所以逆变器各个组串输入电流的大小，决定了能否使用高效率的组件。

集中式逆变器，只有一级变换，一个MPPT的总容量在500kW以上，如果是20个一个组串，从理论上讲，单块组件功率在25kW以下的组件都可以兼容，因此集中式不存在高效组件兼容问题。组串式逆变器一般为两级结构，前级升压，后级逆变器，组件的电流，影响的是逆变器前级升压电路的输入电流。组串式逆变器存在高效组件兼容问题。

因为早期的组件电流在8A左右，所以逆变器的输入电流一般在9～10A。2018年之后，各种技术如半片、叠瓦、拼片、双面、PERC、HJT、MWT等，可以互相叠加，造成组件电流大幅增加，400W的组件工作电流已超过11A，短路电流接近12A。如果逆变器厂家连续几年没有发布新品，旧的就不能满足要求。逆变器厂家近两年推出的逆变器，各组串最大输入电流已达到12.5A，可以满足目前量产的高效组件的要求。

如果组件功率超过600W，组件电流超过15A，现有的逆变器能不能用，解决起来也很简单，即使现在没有组串最大输入电流达到15A的逆变器，但对现有的逆变器稍加改动一下，就可以满足。

如30～40kW逆变器，有两路MPPT，每路MPPT最大输入电流为34A/38A，最多可以接4个组串，如果接600W/15A的组件，可以把逆变器改为每路MPPT，最多可以接2个组串，这样每个组串最大电流可以达到17A或者19A，30kW的逆变器，可以接4路，每路接14块600W组件，这样可以接入33.6kW的组件；40kW的逆变器，也可以接4路，每路接18块600W组件，这样可以接入43.2kW的组件。

逆变器输入的最大电流取决于前级升压电路的功率器件的容量，目前功率器件的容量还是很大的，如用得比较多的英飞凌公司的DF225R12W2H3F_B11模块，设计了3路MPPT输入，每路MPPT可以接入2路组串输入，每路输入可以接12.5A，如果需要接更大的组件，可以让功率器件的厂家改为2路MPPT输入，这样每路输入可以达18A，接600W的双面组件都可以的。

随着单块组件功率越来越大，逆变器可以在不增加组串数量的情况下，做到轻松超配，如120kW系统，如果采用300W的组件，需要400块，20块串联，逆变器需要20路输入；如果采用370W的组件，需要324块，18块串联，逆变器只需要18路输入；如果采用500W的组件，需要240块，16块串联，逆变器只需要15路输入就可以了。

逆变器和组件技术互相对应共同发展。单纯的组件功率增加，逆变器功率如果不匹配，组件发出来的电将会被浪费。单纯的逆变器功率增加，组件功率如果不增加，直流电缆用量必定会增加，直流损耗也会增加。近年来，项目市场用的大功率组串式越做越大，也是依赖于组件功率的加大。组件商的技术进步和逆变器厂商的技术进步，从而降低了整个系统的成本。

3.4.2 放开容配比对逆变器的影响

2020年10月23日，国家能源局下发2020年第5号公告，批准了502项新的行业标准，包含关于光伏行业的NB/T 10394—2020《光伏发电系统效能规范》。在NB/T 10394—2020中，有两个比较大的改动，一是放开容配比的限制，根据项目所在地的辐照度、项目采取的技术路线、项目采用的组件类型，对容配比采取了新的规定，最高可达到1.8:1；二是以交流侧计算规模的额定容量。这是我国首个正式下发的、全面放开容配比的规范。

NB/T 10394—2020放开容配比的限制，对于大型电站而言，增加容配比，可以提高交流部分的利用效率，降低度电成本，助力平价上网。是不是容配比越高，度电成本就越低呢，其实不然，不能简单地理解为18kW的组件，配一个10kW的逆变器，就能降低度电成本。

增加容配比，主要作用就是降低电站交流部分的成本，对于大型电站而言，交流部分包括逆变器、交流配电柜、交流电缆、升压站，成本占了接近20%，有些电站线路可能有几千米，升压站可能有两级，交流损耗较大，大型电站最高效率通常只有80%左右，大部分时间，系统输出功率都在60%以下，如果按容配比为1:1设置，交流部分就不能完全利用。提高容配比，就可以提高交流部分的利用率，逆变器降额较少甚至不降额，发电量影响也不大。

对于大型地面电站，高容配比将会是一个方向，但要选择有高超配能力的逆变器，要注意以下三点，一是要注意逆变器的超配能力，逆变器组串数据越多，超配能力越强；二是注意逆变器的效率区间，大部分逆变器，在输出功率的50%～60%效率最高，而高超配的逆变器，大部分时间输出功率都在80%～100%之间；三是要注意逆变器内部温度，电子元器件的寿命与温度成反比，逆变器长时间在满功率运行，必然导致温度上升，逆变器的散热不好会影响寿命。

分布式光伏电站，交流部分只有逆变器、交流配电柜、交流电缆等，交流部分占系统成本10%以下，但最高效率通常能到85%，如果逆变器到负载的距离比较短，最高效率还会高很多，特别是自用比例较大的电站，逆变器发出来的电直接到负载，如果做得好，最高效率有可能达到95%，这时候如果片面提高容配比，就会降低发电量，提高度电成本。

以上面18kW组件为例，在山东地区，18kW最高的时候，能输出17kW的功率，大部分天气，最高也可以发15kW，如果采用1.8高容配比的方案，选择10kW的逆变器，那么，在太阳光照最好的时候，就会有7kW的功率限制，发不出来，在大部分天气，也会有

5kW 的功率发不出来。

分布式电站，片面提高容配比，其他成本也降不了多少，还是以上面 18kW 组件为例，使用 1.8 倍的容配比，组件、支架、直流电缆、人工等都是一样的，交流配电柜和交流电缆差别也不大，17kW 比 10kW 逆变器价格大约贵 700 元，总体可以降 1000 元左右，但发电量每年估计会少 800kWh 左右，20 年共少发 16000kWh，按平均 0.5 元/kWh 计算，20 年要少收入 8000 元。因此，对于分布式光伏电站，根据光照条件和项目安装情况，建议容配比控制在 1～1.3 之间。

3.5 屋顶光伏电站防水设计与施工

在国家及地方政府的政策支持下，分布式光伏电站应用越来越广泛。而在屋顶上以 BAPV 的方式安装光伏，防水问题非常值得重视，光伏电站要增加水泥墩、组件、支架等部件，重量增加很多，有可能对原有的屋顶防水层造成破坏，一旦防水层损坏，甚至没有做好防水层，就会造成水渗漏，不仅影响光伏系统的正常使用，还会影响原有建筑物内的设备。

存量建筑的防水年限由于标准偏低一般较短，一般工业建筑的防水等级为屋面Ⅲ级防水，其防水层合理使用年限仅仅为 10 年，光伏组件的运营周期一般为 25 年，25 年之后仅是发电效率有所下降，其真实运营年限可能超过 25 年。这意味着我国屋面防水年限与光伏电站运营周期出现错配，而屋面漏水不仅意味着后期运行维护难度的提升，同时也对工厂生产和居民生活造成影响。

3.5.1 屋顶防水设计

防水设计是光伏屋面工程中必不可少的一环。组件及系统自身难以实现高性能防水，防水卷材起到兜底和加强的作用，秉承着“以排为主，防排结合”的屋面防水方针，光伏屋面防水设计应根据建筑物的使用性质、重要程度、区域环境和使用功能要求，合理选择材料以及构造。

屋面防水工程总体可分为三类，屋面防水工程按从下到上的结构可以分为防水垫层、结构防水层以及防水层。其中，结构防水层一般是指屋面基层结构本身即带有防水性能，例如带有导水槽的金属屋面，而防水垫层和防水层一般两者选一即可，结构防水＋防水层对应最高防水等级。

大多数的混凝土屋面原有的防水层多为改性沥青防水卷材。该类卷材使用寿命为 3～5 年，在 5 年以后卷材内的沥青已挥发，卷材脆化开裂。一些倒置式屋面防水层做在找平层、保温层下面。屋顶光伏如安装时使用打孔固定支架，这样就会打穿防水层引起渗漏水。

防水垫层是指在金属板复合板中间或瓦片下方的辅助防水材料，用于坡屋面的防水，可视为结构防水中的辅助构造层次，而防水层是指铺设或喷涂在屋面结构上方的防水卷材或防水涂料，不仅可以用于坡屋面也可以用于平屋面，既可以用于复合金属板屋面，也可用于单层金属板屋面。尽管防水垫层和防水层只需要选择一个即可，但由于材料的限制，防水层+结构防水的防水性能要高于防水垫层+结构防水。

当防水卷材作为防水垫层位于复合板内部时，由于其还需要承担透气、防潮等功能，因此高分子卷材在其中使用效果更好。而在防水层中，目前主要使用的材料为防水卷材和防水涂料，且由于卷材暴露在最外层，在没有保护层的情况下，高分子卷材因其卓越的抗老化性能而被更多使用。

3.5.2 屋顶防水施工

（1）检测屋面情况：如果是混凝土屋面需要检测漏水程度；如果是彩钢瓦金属屋面，需要确定彩钢瓦厚度来保证荷载，检测锈蚀情况来确定是否渗漏水。而如果当前防水设计年限未能和光伏组件使用年限相匹配，则需要更换或新增防水。

（2）安装支座：如果是混凝土平屋面通常采用新增灌注水泥基座或压载的方式安装支座；如果是混凝土瓦顶坡屋面，则需要拆除瓦片，在瓦片后打孔安装预制件支座，之后需要再放回瓦片；如果是金属屋面，则有两种方式，一是加装檩条或垫高座，二是支座通过胶粘、夹具或螺栓的方式固定在金属屋面上。

当前支座安装工艺多会造成渗漏可能性。目前支座无论是混凝土屋面还是金属屋面可总体上分为两种，螺栓打孔固定式和夹具夹持式，但两者都可能会造成屋面渗漏。首先螺栓打孔固定式需要将螺钉打入原有屋面，会对原有防水层产生破坏，而为了防止渗漏通常会安装防水胶条或灌注防水密封胶，但这两种防水材料无法对打孔处实现完全的密闭包裹，三元乙丙（EPDM）防水胶条的自然老化时间为10～15年，而防水胶带使用年限则更短，长期来看必然会开裂漏水。夹具加持式基本用于金属屋面，但夹具一般采用铝合金材质，与金属板材存在电位差，会加速金属板材的腐蚀。

打孔式支座安装后需要对屋面进行防水维护，长时间施工可能造成二次伤害。传统情况下，为了弥补打孔带来的渗漏风险，需要对支座进行单独防水处理，一般流程：在支座安装完成后，用防水卷材覆盖支座底部，并用热风焊接的方式与原屋面卷材连接；之后再采用细部卷材将支架包裹并与大面卷材焊接为一个整体，形成完整防水体系，整体施工流程较为复杂，安装时间较长，而屋面长时间上人安装将对彩钢瓦形成踩踏，造成锁边松脱，进而对屋面防水造成二次伤害。

（3）安装支架：支座安装完毕后，在支座上方安装导轨以及横向和纵向的导水槽。

屋顶支架安装原则上禁止屋面打孔破坏原屋顶防水层；使用预制水泥墩时如屋面已做

了防水处理，需在水泥墩四周刷沥青（如果屋面使用卷材做的防水需在水泥墩下面垫胶垫，防止水泥墩破坏卷材）；对于屋面未做防水的，需在预制水泥墩下铺防水卷材，以备后续屋顶做防水。对于现浇条形水泥压块，屋顶作业周期较长，施工过程中注意对屋顶的保护。

对于混凝土平屋面或别墅混凝土坡屋面的既有建筑，若运用化学锚固螺栓固定光伏支架，应首先确认维护层或运用面层的厚度。对于单位面积承重较大的预制楼板屋面，可在屋面采用预制水泥墩的基座固定方式，固化后应用化学锚固螺栓固定支架。

对于屋面大部分防水完好，只有少部分漏水，可以采用查漏补漏的方法，降低成本。先根据室内漏水痕迹，测量出平面尺寸，找到屋顶可能漏水的地方，破开漏点上的隔热层，清理干净后做第一次防水补漏，等防水干后用防水涂料做第二次防水，水干后涂刷沥青做第三次防水。防水层固化后，修补点做24h堵水实验，确认无漏/渗水后，使用水泥砂浆恢复屋面，如还有漏水，说明漏水的地方没有找准，需要重新查漏补漏。

（4）安装光伏组件：安装支架后，通过固定支架将光伏组件固定在导轨上。以上安装步骤，对建筑物的屋面防水产品性能提出更高要求。

3.6 分布式光伏的风险

为了促进可再生能源的开发利用，改善能源结构，保障能源安全，保护环境，实现经济社会的可持续发展，我国于2005年颁布了《可再生能源法》，通过法律的手段规范光伏、风电等可再生能源项目的开发、利用和推广。同时，自2013年以来国家先后出台了一系列扶持光伏产业发展的政策，国内迎来了一大波光伏项目投资的热潮。

但需要注意的是，光伏项目作为新能源产业，不同于传统的能源发电项目，具有投资主体多样、建设程序复杂、有一定的技术难度、有一定的火灾和风灾隐患等特点，在项目备案、用地、融资、并网、工程总承包和补贴获得等方面均可能面临较多的法律风险，如果不能有效防控和应对，将会给项目参与方造成重大的经济损失，甚至承担法律责任。

光伏电站项目属于电力建设项目，施工企业作为总承包商，依据《建筑业企业资质标准》规定，需根据电站规模具有相应资质等级的电力工程施工总承包资质。设计企业作为总承包商将施工业务分包的，或者施工企业总承包商将部分专业工程分包的，施工分包商还需根据电站规模取得相应等级的施工总承包或者工程专业承包资质。

虽然分布式光伏发电项目的规模不同于光伏电站项目，实践中也存在认为分布式光伏发电项目不属于建设工程项目的观点，但《分布式光伏发电项目管理暂行办法》（国能新能〔2013〕433号）第十七条的规定："分布式光伏发电项目的设计和安装应符合有关管理规定、设备标准、建筑工程规范和安全规范等要求。承担项目设计、咨询、安装和监理的单位，应具有国家规定的相应资质"。《关于进一步落实分布式光伏发电有关政策》（国能新能

〔2014〕406号）中也要求施工单位应具备相应的资质要求。

3.6.1 光伏安装企业借用安装资质的法律后果

分布式光伏的安装企业，全国估计有上万家，这些公司大部分没有安装资质，如果供电公司硬性规定安装公司必须自带资质才能验收，大部分企业将退出这个行业，对分布式光伏发展也是不利的，所以现在很多安装公司自己没有资质，会“借”一家有资质的公司去验收。

1. 光伏系统安装常用的资质种类

（1）承装（修、试）电力设施许可证。《承装（修、试）电力设施许可证管理办法》[国家电力监管委员会令第28号（2009年）]之相关规定，在我国境内从事电力设施的承装、承修、承试活动，应当按照本办法取得相应的许可证。

（2）电力工程施工总承包资质。依据《建筑业企业资质标准》，持有电力工程施工总承包资质的企业可以从事与电能的生产、输送及分配有关的工程，包括火力发电、水力发电、核能发电、风电、太阳能及其他能源发电建筑机电安装工程。

（3）建筑机电安装工程专业承包资质。持有建筑机电安装工程专业承包资质的企业可以承担各类建筑工程项目的设备、线路、管道的安装，一定电压等级以下变配电站工程，非标准钢结构件的制作、安装。

2. 没有资质施工的法律后果

（1）《最高人民法院关于审理建设工程施工合同纠纷案件适用法律问题的解释》：

第一条　建设工程施工合同具有下列情形之一的，应当根据《合同法》第五十二条第（五）项的规定，认定无效：

1）承包人未取得建筑施工企业资质或者超越资质等级的；

2）没有资质的实际施工人借用有资质的建筑施工企业名义的；

按照这个法律解释，借用资质从法律上来说，合同是无效的，《合同法》规定，业主在没有安装前，是可以随时撤销合同，不用赔付的。

第五十八条　合同无效或者被撤销后，因该合同取得的财产，应当予以返还；不能返还或者没有必要返还的，应当折价补偿。有过错的一方应当赔偿对方因此所受到的损失，双方都有过错的，应当各自承担相应的责任。

（2）如果业主不计较合同是否有效，安装公司购买材料，安装完成后，依据《最高人民法院关于审理建设工程施工合同纠纷案件适用法律问题的解释》：

第二条　建设工程施工合同无效，但建设工程经竣工验收合格，承包人请求参照合同约定支付工程价款的，应予支持。

第三条　建设工程施工合同无效，且建设工程经竣工验收不合格的，按照以下情形分别处理：

1）修复后的建设工程经竣工验收合格，发包人请求承包人承担修复费用的，应予支持；

2）修复后的建设工程经竣工验收不合格，承包人请求支付工程价款的，不予支持。

（3）建设工程不合格造成的损失，发包人有过错的，也应承担相应的民事责任。如果电站发生安全事故，造成财产损失或者人身伤害，经公安部门鉴定是电站工程的原因，借用资质的公司也要承担连带责任。

3.6.2 光伏企业夸大宣传的法律后果

光伏安装企业为了吸引客户，可能会通过宣传页、产品手册或口头承诺等方式夸大光伏电站的发电效能和投资收益，隐瞒对光伏电站实际运营造成重大影响的客观要素，给家庭业主一种投资电站稳赚不赔的错觉，抬高了客户心理预期。电站建好后的实际运营情况往往与安装企业宣传效果差距巨大，双方纠纷由此发生。

根据《消费者权益保护法》第二十条之规定“经营者向消费者提供有关商品或者服务的质量、性能、用途、有效期限等信息，应当真实、全面，不得作虚假或者引人误解的宣传。”光伏经销企业在经营过程中，应当如实向家庭业主告知光伏组件的理论效能与实际效能，并说明产生差距的原因；在测算光伏电站发电效益时，应当向家庭业主明示测算的示例地区、光照条件、年均日照时间等前提条件；同时不宜对电站效能作出不切实际的承诺或保证。如果经销企业脱离客观情况，夸大产品性能，轻则可能对家庭业主产生误导，重则可能构成消费欺诈，经营企业可能会因此面临一定的民事和行政法律责任。

光伏安装企业夸大宣传的法律责任具体表现如下：

（1）消费者有权以误导消费或消费欺诈，权益受到侵害为由，向经销企业要求民事赔偿或者合同价款最高三倍的惩罚性赔偿或退货退款；相关条款见《消费者权益保护法》第五十二、五十五条。

（2）消费者可以向工商行政管理部门举报，工商行政管理部门受理后，一经查实，可能对经销企业予以警告、没收违法所得、罚款；情节严重的，责令停业整顿、吊销营业执照（相关条款见《消费者权益保护法》第五十五条）。

3.6.3 恶意诽谤企业，骗取赔偿的法律后果

光伏系统并不是一个简单的工程，有一定的技术难度：组件排布、支架方案设计、组件和逆变器配置、电缆和开关选型等，需要专业的技术人员去设计和施工，因此国家强制规定需要安装资质。由于分布式光伏在我国还处于初级阶段，很多从业人员还不备注相关专业知识，如果系统没有设计和施工好，有可能造成电站不能正常工作，发电量偏低，严重的情况还有可能发生火灾。

光伏系统出现问题，安装公司首先要自己检查，如果发现是设备的原因，要及时通知设备方处理，如果设备方判断不是设备原因，双方有争议，可以请专业公司检测，如中国质量认证中心CQC和北京鉴衡认证中心CGC等法律认可的国家权威检测机构。

3.7 光伏系统设计选型与投资

3.7.1 光伏电站选型设计的经济平衡点

光伏前期项目开发完成之后，就要开始进入设计和实施阶段，随着国家的政策变化，中大型地面电站逐渐减少补贴，要进入平价上网或者低价上网阶段，光伏系统的设计，对成本的控制要求就更高了。目前光伏系统成本和效率的控制有两种路线，一是高效组件路线，采用大功率组件，减少支架和人工的费用；二是组件超配路线，提高组件和逆变器的比例，让逆变器尽量满功率输出，减少逆变器以及后面交流电缆、配电柜、升压变压器的费用。两种方案各有优势，但都不是绝对的，需要综合考虑，精心计算，找到一个经济平衡点。

1. 高效组件路线

相同功率的组件，如果其他条件一样，发电量也差不多。但如果同样的面积安装相同数量的组件，使用低效的多晶370W还是高效的单晶560W，系统中的支架、基础、电缆、人工等初始成本都是相同的，所以高效组件均摊的单瓦投资会低于低效组件。除了初始成本以外，高效组件还可以降低土地成本。

而随着电池效率提升，对于材料品质、性能，设备精度和工艺的要求都大幅提升，这必然会增加制造的成本。所以高效组件的价格要比常规组件的高。为明确高效组件技术对度电成本的影响，我们对功率增益与组件成本变动对度电成本的影响做敏感性测算。测算中假设基础初始投资（常规技术）为5元/W，利用小时数为1200h。测算显示，组件功率每增加5W，组件成本容忍度提升0.03元/W。

高效组件技术的降本逻辑：测算显示，60片组件的功率每提高15W，彩钢瓦屋面、普通地面和水泥屋顶电站、山地电站、水面电站，跟踪支架电站等原材料成本分别可节省0.05元/W、0.09元/W、0.12元/W、0.135元/W、0.15元/W。据此假设普通电站所用组件功率每增加5W，系统投资下降0.03元/W，以此叠加，则半片、多主栅等高效组件技术5～20W的功率提升可使系统投资下降0.03～0.12元/W。

综上所述，彩钢瓦屋面、普通地面和水泥屋顶电站，如果常规格组件的价格比高效组件低0.1元左右，那么使用常规的组件初始成本要低一点，而在山地电站、水面电站、跟踪支架电站，支架占比较高，使用高效组件的优势就比较明显。因此，并不是在所有的情况下，使用高效组件都比使用常规组件投资收益高，追求高效并不是实现平价的唯一选择，要考虑支架成本和土地成本在系统中的比例，如何提高电站的单瓦发电能力和组件寿命对降低成本也同样重要。

2. 组件超配路线

光伏组件容量和逆变器容量比，习惯称为容配比。光伏应用早期，系统一般按照 1:1 的容配比设计。实践证明，以系统平均化度电成本（Levelized Cost Of Electricity，LCOE）最低为标准衡量系统最优，在各种光照条件、组件铺设倾斜角度等情况下，达到系统最优的容配比都大于 1:1。也就是说，一定程度地提升光伏组件容量，有利于提升系统的整体经济效益，这就是组件超配。

目前在分布式光伏和地面电站，很少有按 1:1 去容配比去设计了，绝大部分都实行了超配，但合理的容配比设计，需要结合具体项目的情况，综合考虑，主要影响因素包括辐照度、系统损耗、组件安装角度等方面。

在超配的情况下，由于受到逆变器额定功率的影响，在组件实际功率高于逆变器额定功率的时段内，系统将以逆变器额定功率工作；在组件实际功率小于逆变器额定功率的时段内，系统将以组件实际功率工作。主动超配方案设计，系统会存在部分时间段内处于限发状态，这时候就会有电量损失。

这个平衡点怎么去找，我们先以一个在二类光照地区 10MW 的电站为例，如果按 1.4:1 的比例去超配；要估算限发时间段的功率损失有多大，在二类地区，天气晴好的时候，光伏输出功率最高可达组件功率的 80%～90%，为了估算方便，取均值电站最高功率为 11.9MW，由于逆变器的最大功率只有 10MW，这时候就会有 1.9MW 的电量损失。

如图 3-8 所示，在 09:00～16:00，有 7 个小时的限发，经估算每天电量损失约 5000kWh，假如每年有 100 个这样的天气，这时每年损失的电量约有 50 万 kWh，如果每 kWh 价格是 0.5 元，一年的电费损失是 25 万元。逆变器按正常有超配应该配 12MW，1.4 超配可以节省 2MW 的逆变器和升压站等，按照目前的价格，2MW 逆变器和汇流箱价格约为 50 万元，2MW 升压站及其电缆配套设备约为 100 万元，超配节省的钱相当于 6 年的限额电费损失。

因此，如果不综合考虑，超配太多，实际上也达不到降低系统平均化度电成本的初衷。而且超配太多，逆变器长时间工作在满载状态，还会降低逆变器的寿命、逆变器的故障率也会提高。而逆变器的功能，早已超出最初的电流逆变功能，国内领先的逆变器企业，增设了电站技术研发部门，主要研究方向就是逆变器如何与其他零部件、电站、电网更好地融合，支撑电网。逆变器将从适应电网转到支撑电网，通过信息化、互联网＋大数据的应用，优化系统运行维护方式，全方位、多渠道支撑电站精细化运行维护管理，最大限度提升电站发电量，降低运行维护成本。通过过量的超配降低逆变器的费用，实在是很不经济的行为。

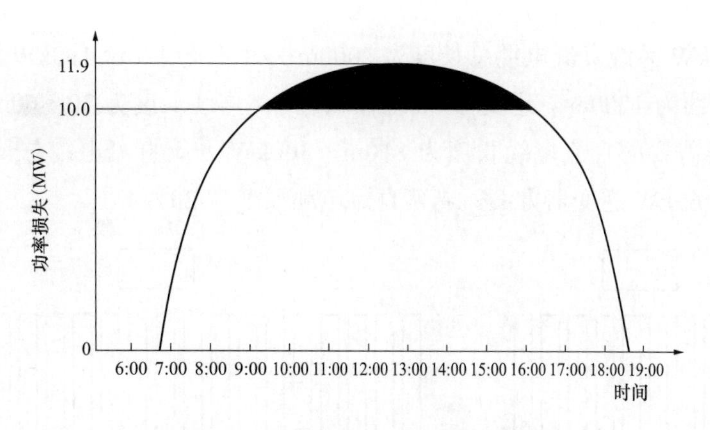

图 3-8　组件超配功率损失示意图

仅从逆变器的特性和减少超配损失出发，建议组件和逆变器配比如下：在一类光照地区，按 1:1 配置；在二类光照地区，按 1.1:1 配置；在三类平均日照时间 3.5h 的光照地区，按 1.2:1 配置；在三类平均日照时间低于 3h 的光照地区，按 1.3:1 配置。

总结：光伏度电成本下降包括两部分：降低 BOS 成本和提升 25 年总发电量，片面强调某一方面，必将损失另一方面，往往是得不偿失。在使用高效组件时，要考虑组件价差和支架之间的平衡；如果是组串超配，要计算电费损失和节省设备费用之间的平衡。

3.7.2　中大型工商业电站逆变器选型经济性对比

在中大型工商业光伏电站中，一般推荐尽量使用功率大逆变器，因为逆变器功率越大，单瓦价格越便宜，后面的交流配电柜和交流电缆也会更少一点，但并不是逆变器单机功率越大，系统成本就越低，系统发电量就越高，运行维护也越方便，要从各方面综合考虑。

光伏系统中，影响成本的因素有组件、支架、直流电缆、逆变器、交流电缆、交流配电柜、变压器、人工安装等因素。如果只是选用不同功率的逆变器，组件、支架、变压器，人工安装等都差不多，直流电缆、逆变器、交流电缆、交流配电柜这些配件稍有差别。下面以一个 300kW 的工商业电站，彩钢瓦屋顶，面积约为 3600m^2，分别采用 5 台 60kW 逆变器和 3 台 100kW 逆变器，对比这两种方案的经济性。

1. 直流电缆

直流电缆是指从光伏组件到逆变器这一部分之间的电缆，可以节省线缆和配电柜成本，但也要控制直流电缆的长度，从组件到逆变器的直流电缆，对系统发电量的影响非常大，电缆越长，损耗越高，直流电缆控制在 50m 以内，直流电缆损失可以降低到 0.2%。逆变器功率越大，远端的组件离逆变器就越远，所用的电缆就越长。

如图 3-9 所示，采用 5 台 60kW 逆变器方案，每台逆变器的方阵约为 720m^2，逆变器 10 组输入，每组电缆长度为 30～50m，平均为 40m，那么每台逆变器需要的直流电缆长度为 400m，300kW 系统直流电缆总长度为 2000m；如果采用 3 台 100kW 逆变器方案，每台逆变器的方阵约为 1200m^2，逆变器 18 组输入，每组电缆长度为 30～60m，平均为 45m，那么每台逆变器需要的直流电缆长度为 810m，300kW 系统直流电缆总长度为 2430m；因此，采用 5 台 60kW 逆变器方案，光伏直流电缆要节省 20%以上。

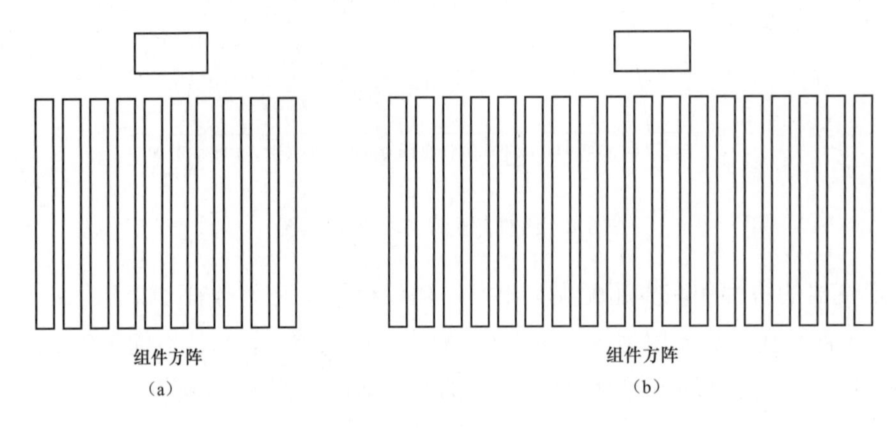

图 3-9　两种方案直流线路对比

（a）60kW 逆变器；（b）100kW 逆变器

2. 交流电缆

交流电缆分为两段，一段是逆变器到交流汇流箱之间的电缆，另一段是交流汇流箱到并网箱之间的电缆，采用不同功率的逆变器，只有前者不一样，60kW 逆变器，最大输出电流是 87A，设计采用 3×35mm^2＋1×16mm^2 的铜芯电缆或者 3×50mm^2＋1×25mm^2 铝合金芯电缆，100kW 逆变器，最大输出电流是 145A，设计采用 3×70mm^2＋1×35mm^2 的铜芯电缆或者 3×120＋1×70 铝合金芯电缆，我们假定 60kW 逆变器离交流汇流箱的距离为 100m，5 台逆变器需要 500m 电缆，假定 100kW 逆变器离交流汇流箱的距离为 80m，3 台逆变器需要 240m 电缆。两种方案电缆对比见表 3-2。

表 3-2　两种方案电缆对比

项目	铝合金芯电缆	单价（元/m）	长度（m）	总价（元）
60kW 逆变器方案	3×50＋1×25	35	500	17500
100kW 逆变器方案	3×120＋1×70	80	240	19200
60kW 逆变器方案	3×35＋1×16	90	500	45000
100kW 逆变器方案	3×70＋1×35	160	240	38400

从表 3-2 可以看到，如果采用铝合金芯电缆，60kW 逆变器方案的电缆成本低一些；如果采用铜芯电缆，100kW 逆变器方案的电缆成本低一些。

3. 交流汇流箱

交流汇流分为两部分，前一部分是逆变器的开关，这一部分有区别，后一部分是汇流后的总开关，这一部分是一样的。60kW逆变器，最大输出电流是87A，设计采用100A的塑壳空气开关；120kW逆变器，最大输出电流是145A，设计采用160A的塑壳空气开关。都采用CHNT正泰昆仑3P塑壳断路器空气开关，120A的价格约为136元，5个总价为680元；160W的价格约为180元，3个的总价约为540元，相差约140元，实际上，交流汇流箱一般是按总功率和配置报价，开关的大小和数量，对总体价格影响不大。

4. 逆变器的效率

逆变器从10kW到60kW，如果是同一代的类型，可以看到，逆变器的功率越大，效率越高，这是由逆变器里面的功率器件决定的，功率越大，损耗越低，效率就越高，但到了60kW之后，逆变器的效率却没有什么增长，这是因为功率模块增长有限，从60kW之后，一般都是采用多块模块并联，所以效率增长有限。

5. 质量和体积

60kW逆变器，质量为50kg左右，一个力气稍大的成年人可以搬动，而一台120kW逆变器，质量为8kg左右，一个人难以搬运，需要专业的吊装工具，如果在环境很复杂的屋顶，用机器吊装可能不会很方便，人工搬运又较危险，所以建议选择质量轻的逆变器。

总结：

综上所述，大型工商业光伏电站，选用60kW或者100kW＋的逆变器，系统造价和效率其实相差不大，要根据项目地形、安装方式等实际情况去选择，楼层较高，运输安装维护较为困难的场地，建议采用60kW左右、比较轻便的中小功率机型；楼层较低、运输安装维护比较方便的场地，建议采用100kW＋中大功率机型。

第 4 章　光储微电网系统检测和维护

光储微电网电站，从设计到施工，一般是几十天到几个月时间，电站寿命有 25～30 年，光伏电站运行维护效率和效果将直接影响光伏电站的运行稳定性及发电量，以及设备的寿命。做好光伏电站的运行维护要掌握好几点，一是要掌握电站检测技术，能熟悉运用各种仪器检测设备；二是要熟悉和理解监控中的各种数据、图表和故障代码，快速排除故障，恢复系统运行。

4.1　光储电站检测技术

4.1.1　评测光伏线路是否接好

在光伏系统故障中，有时候会出现某个直流回路电流或者电压偏低，导致发电量低；有时候会出现交流某一相电流异常，导致电缆发热或者开关发热，情况严重者，会导致开关过热跳闸，甚至线路起火。其中的原因有可能是线路没有接好，开关触点、线与线之间接触不良。由于线路中有开关，而且有电流时和没有电流时状态也不一样，直接用万用表在没有电的时候测试，不一定能测出来，这时候，就需要一个回路电阻测试仪。

1. 线路接触不良的种类

（1）电线与电线连接处接触不良：在所有接触不良火灾原因中，线路接头处接触电阻过大引起的火灾居第一位。电气线路的连接处，若存在接点接触松弛，接点间的电压足以击穿空气间隙形成电弧，迸出火花，点燃附近的可燃物形成火灾。光伏直流电线部分，由于没有过零点，如果发生短路，不容易断开。

（2）电线与设备的连接处接触不良：设备违反接线方式、连接不牢，或维护保养不良，或长期运行过程中在接头处产生导电不良的氧化膜，或接头因振动、热的作用等而使连接处发生松动、氧化，造成接触电阻过大。

（3）电线与开关接线端连接处接触不良：导线与电源和电气设备的自动空气开关或手动隔离开关接触不良、连接点松动，接触电阻过大，局部过热和产生击穿电弧或电火花引燃可燃物起火。

2. 接触不良影响危害

近年来有许多重大光伏火灾都是因线路故障而造成的，线路故障的一个原因是线路连接处接触不良，当线路连接处接触不良时，与连接完好相比该处的阻值将增大，在该处消耗的电功率将变大。

当线路连接处接触不良时，该处的电阻会增大；根据公式 $P=I^2R$（P 为功率，I 为电流，R 为电阻）可知，电路电流不变时，电阻变大，消耗的电功率将变大。

回路电阻测试仪（Loop Resistance Tester）是用于开关控制设备的接触电阻、回路电阻测量的专用仪器，测试电流采用 GB/T 11022《高压开关设备和控制设备标准的共用技术要求》推荐的 100A 电流，可在 100A、200A、300A、400A、500A、600A 电流的情况下直接测得回路电阻或者接触电阻。

回路电阻值是表示导电回路的连接是否良好的一个参数，各类型产品都规定了一定范围内的值。若回路电阻超过规定值，很可能是导电回路某一连接处接触不良。在大电流运行时接触不良处的局部温升增高，严重时甚至引起恶性循环，造成氧化烧损，对用于大电流运行的断路器需加倍注意。

微型断路器保护，当交流电压为 220V 时，在 0.2s 内切断电源的最大接地故障环路阻抗见表 4-1，带漏电保护断路器的最大接地阻抗值见表 4-2。

表 4-1　最大接地故障环路阻抗

额定值（A）	10	16	20	32	40	50	63	80	100
B 类微断 RCBO（Ω）	4.4	2.75	2.2	1.38	1.1	0.88	0.70	0.55	0.44
C 类微断 RCBO（Ω）	2.2	1.38	1.1	0.69	0.55	0.44	0.35	0.28	0.22

表 4-2　带漏电保护断路器的最大接地阻抗值

漏电断路器保护值（mA）	5	10	20	30	100	300	500
Z_s（Ω）	10000	5000	2500	1667	500	167	100

3. 总结

由于接触面氧化、接触紧固不良等原因导致接触电阻增大，在大电流流过时，接触点温度升高，这更加速接触面氧化，使接触电阻进一步增大，持续下去将产生严重事故，因此有必要经常或定期对接触电阻进行测量。

4.1.2 光伏发电系统接地电阻测量

光伏发电系统的接地，作用很重要，对接地的要求也很高，如果接地不可靠，有可能造成逆变器等电气设备被雷击，电压测量不准确，易受外界干扰，从而造成逆变器工作不正常。因此，在安装完成之后，要正确测试接地电阻，确保符合规范要求。

接地类型和要求包括以下几个方面。一是防雷接地：包括避雷针（带）、引下线、接地体等，要求接地电阻小于10Ω，并最好考虑单独设置接地体；二是安全保护接地、工作接地、屏蔽接地等，要求接地电阻小于等于4Ω，当安全保护接地、工作接地、屏蔽接地和防雷接地4种接地共用一组接地装置时，其接地电阻按其中最小值4Ω确定；若防雷已单独设置接地装置时，其余3种接地宜共用一组接地装置，其接地电阻不应大于其中最小值。

接地系统做好之后，正确测量接地电阻，是很关键的。接地电阻与常见的电阻元器件不同，用普通的万用表是测不准的，必须要用专用的仪器，测量方法通常有两线法、三线法、四线法、单钳法和双钳法。各自特点不同，实际测量时，尽量选择正确的方式，才能使测量结果准确无误。

1. 电压法

两线法、三线法、四线法都是电压法，具体的原理如图4-1所示，给地电极C和电极E施加一个交流电流I，再测量E点和P点的电势差U，地电阻R_x等于U/I。

注意：必须有两个接地棒：一个辅助接地极和一个探测电极。各个接地电极间的距离不小于20m，接地极要打到地深1.5m处左右，排成一行，土壤要潮湿，如果是干燥的土地或者石质、沙地要加足够水才能测试。

四线法基本上同三线法，在低接地电阻测量和消除测量电缆电阻对测量结果的影响时替代三线法，四个小尺寸的电极以相同的深度和相等的距离（直线）被插入地里，并进行测量。该方法是所有接地电阻测量方法中准确度最高的。电阻表与电极接线如图4-2所示。

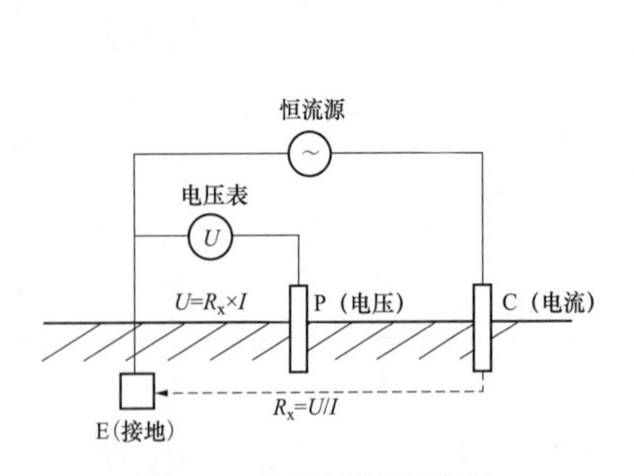

图4-1　电压法测量示意图

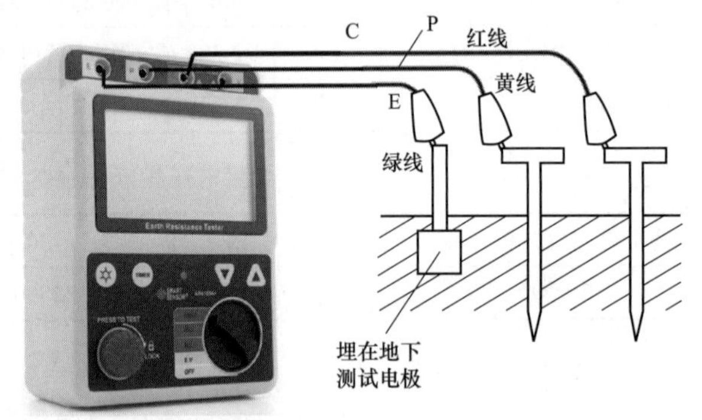

图4-2　电阻表与电极接线

2. 电流法

单钳法和双钳法都是电流法，它能够在不断开地面系统的情况下测量电阻。不需要断开引下线，不需要辅助电极，快速、简便、可靠，并且还包括测量中的接地和整体接地连接电阻。

钳形接地电阻测试仪测量接地电阻的基本原理是测量回路电阻。钳表的钳口部分由电压线圈及电流线圈组成。电压线圈提供激励信号，并在被测回路上感应一个电动势 E。在电动势 E 的作用下将在被测回路产生电流 I。钳形电流表对 E 及 I 进行测量，即可得到被测电阻 $R=E/I$。钳形接地电阻测试仪如图 4-3 所示。

图 4-3　钳形接地电阻测试仪

（1）单钳法：测量多点接地中的每个接地点的接地电阻，而且不能断开接地连接防止发生危险。适用于多点接地，不能断开连接，测量每个接地点的电阻。方法是用电流钳监测被测接地点上的电流。

（2）双钳法：多点接地，不打辅助地桩，测量单个接地。方法是使用电流钳接到相应的插口上，将两钳卡在接地导体上，两钳间的距离要大于 0.25m。多点接地如图 4-4 所示。

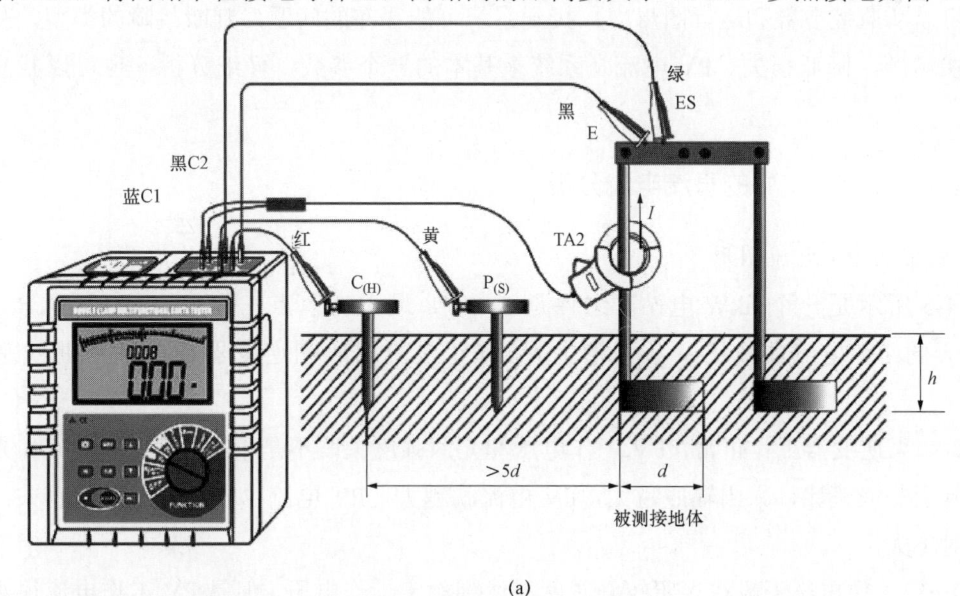

图 4-4　多点接地法（一）

（a）四线选择法

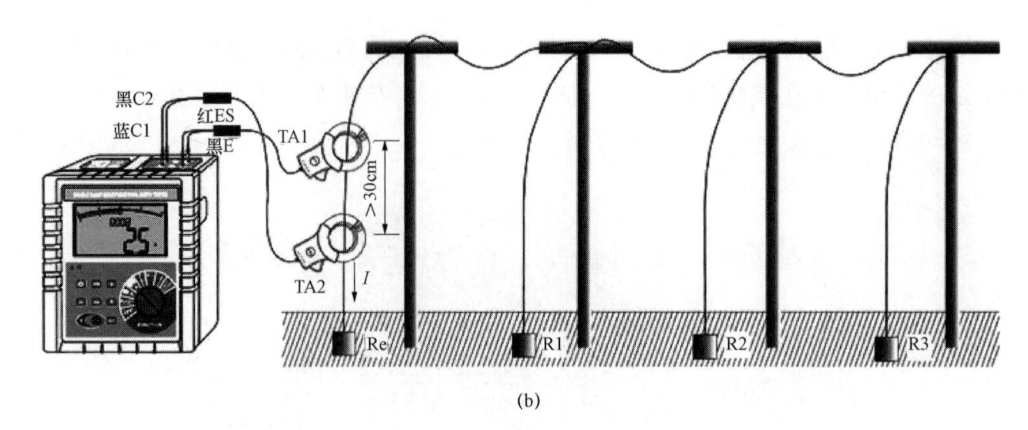

图 4-4 多点接地法（二）

（b）回路双钳法

接地网络安装完成后，还需采取正确的方法和仪器去测量结果，才能保证工程质量。

4.2 监控数据在运行维护中的作用

在光伏监控系统中，可以随时随地查看电站的各种运行参数，包括光伏直流（PV）电压，电流，功率，交流电压、电流，每天的发电量。这些运行参数，不仅仅是用于记录电量，还可以从监控参数和运行图形中，找到系统可能存在的问题，判断故障的类型，从而快速解决问题，降低损失。PV 电流是系统最基本的一个参数，仔细分析，也可以找到很多规律。

4.2.1 监控系统中的直流电流分析

1. 正常的 PV 电流图形

图 4-5 所示是一个 6kW 电站，组件是 380W，最大功率点工作电流是 8.84A，在 3 月某一天的 PV 电流曲线图，从图形上看，PV 电流曲线和逆变器输出功率曲线基本一致。

（1）如果逆变器工作正常，PV 工作电压和光照强度关联不是很大，但 PV 电流和光照强度基本上是成正比，太阳辐照越大，PV 电流就越大，PV 电流也和组件的温度有关，但影响相对不大。

（2）PV 工作电压一般在光照较好时就能达到额定工作电压，但是 PV 工作电流很难达到额定工作电流，这和所在的地区气候有关系，这个电站在江西是三类光照地区，记录中最大电流约为 8.1A，组件额定电流是 92%。

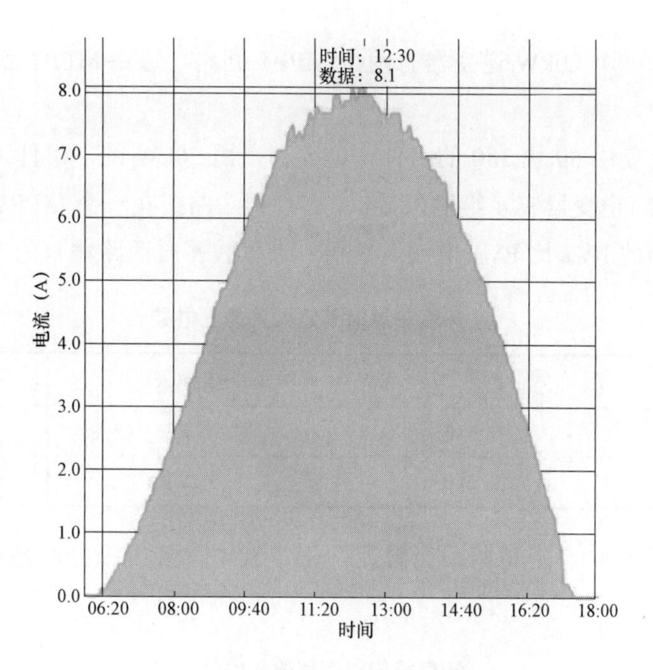

图 4-5　正常晴天的组件输入端电流图形

2．PV 电流限额

图 4-6 所示是某逆变器的 PV 电流曲线，可以看到，这条曲线最上面不是一个正常的弧形，而是一条直线，从 10:00 到 13:00 都是以同样的电流输出，这种现象称之为限额。主要是以下几个原因造成的。

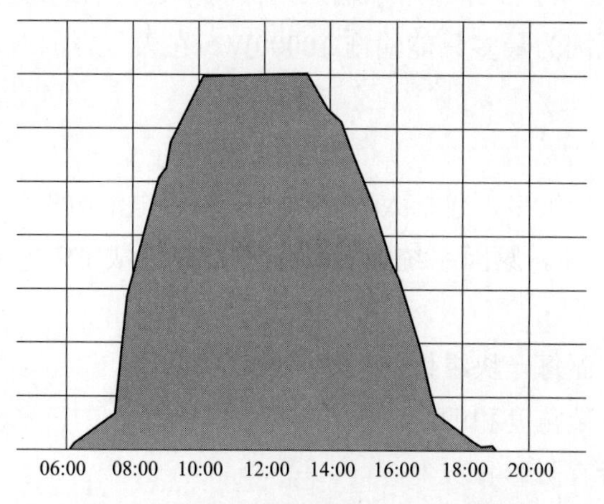

图 4-6　直流端限额时的输入电流图形

（1）组件超配过高，根据记录，PV 电流一般都是在额定工作电流 90%以下，而且绝大部分天气都在 80%以下，所以在设计时，组件可以比逆变器多配一些，以减少系统成本，但是在天气特别好的时候，逆变器限额运行，会给用户造成一定的电量损失。

（2）MPPT 回路超配，大功率逆变器会有多个 MPPT 回路，逆变器的总功率会平均分配到每个回路，如一个 20kW 逆变器有两个 MPPT 回路，每路 MPPT 就是 10kW，如果多接了也会限流运行。

［案例］ 项目使用 60 块 380 的组件，逆变器采用 20kW 的，组件采用 15 块 4 并的方式和逆变器相连接，逆变器有 4 组输入接口，客户把 3 路接在一个 MPPT 上，另一个 MPPT 只有一路组串，因此 PV2 比 PV1 电流大 3 倍。天气较差时两路输入的发电量见表 4-3。

表 4-3　　天气较差时两路输入的发电量

项目	电压（V）	电流（A）	功率（W）
PV1	540	2	1080
PV2	540	6	3240

天气比较差的时候，逆变器不会限流，正常发电。天气很好时两路输入的发电量见表 4-4。

表 4-4　　天气很好时两路输入的发电量

项目	电压（V）	电流（A）	功率（W）
PV1	540V	8.5A	4590W
PV2	580V	17.24A	10000W

但客户将 PV2 回路接了 3 路组串，输入组件功率达 17.1kW，多配了 7.1kW，在天气好的时候就会限流，原因为最多只能输出 10000W。在天气好的时候，最多一天有可能损失超过 10kWh 电。

3．PV 电流偏小

影响 PV 电流的因素很多，包括太阳辐射量、太阳电池组件的倾斜角度、灰尘和阴影阻挡、组件的温度特性等。原因系统配置安装不当而造成 PV 电流偏小，常见检测办法如下：

（1）在安装前，检测每一块组件的功率是否足够。

（2）调整组件的安装角度和朝向。

（3）检查组件是否有阴影和灰尘。

（4）检测组件串联后电压是否在逆变器工作电压范围内，电压过低系统效率会降低。

（5）组串安装前，先检查各路组串的开路电压，相差不超过 5V，如果发现电压不符合要求，要检查线路和接头。

4．PV 电流为负数

组串出现负电流有三种可能原因。组串出现负电流情况见表 4-5。

表 4-5　　组串出现负电流情况

项目	PV1	PV2	PV3	PV4	PV5
输入电压（V）	653	655	640	646	632
输入电流（A）	−0.19	−0.20	0.46	0.39	0.25

（1）组件故障的原因。如果有一组电压低，如组件短路或者接地，同一个 MPPT 的另外一路的电流有可能流向这一路，就会出现负电流。

判断依据：出现负电流的这一路组串电压明显偏低。

（2）逆变器功能的原因。逆变器有组件 PID 修复功能，而且采用正向偏置技术，需要从电网取电，再整流，给组件一个反向电流，也有可能出现负电流。

判断依据：逆变器具备组件 PID 修复功能，出现负电流的这一个组串电压和别的组串电压差不多，电流很小。逆变器在进行 PID 修复时，一般在非工作时段进行。

（3）逆变器故障的原因。逆变器的电流采样，采用开环的电流传感器，有可能出现漂移，采样不准。

判断依据：在电流特别小，温度特别低时，可能会出现误差。

4.2.2 监控系统中的直流电压分析

1. 正常的 PV 电压图形

图 4-7 所示是一个 33kW 电站，组件是 380W，每组 18 块串联，在天气条件很好的状态下，一天的 PV 电压曲线图，从图形上看，PV 功率曲线可分为 3 个阶段。

（1）开机阶段，逆变器没有开机时，功率为零，组件处于开路状态，逆变器开机启动后，电压迅速下降，进入工作电压状态。稳定一段时间后，随着光照强度增加，PV 电压迅速提高，当功率到达系统额定功率约 5%时，PV 电压达到最高值。

（2）运行阶段，当功率到达 10%后，即使光照强度增加和系统功率提升，PV 电压也不再增加，反而随着系统功率增加而降低，在中午功率最高时，之后随着功率的下降，PV 电压又慢慢提升。

（3）结束阶段，17:00 之后，光照下降，系统功率也下降，PV 电压这时候会有一点波动，但总体呈下降趋势，到系统功率接近为零时，PV 电压从 500 多伏一下降到零。

从上面的数据还可以得出一些结论：PV 工作电压受光照强度影响较小，只是早上开机和下午关机时变化较大、如果光照条件好，早上刚开机不久，系统功率到达额定功率 5%左右，组件的工作电压就能达到额定的工作电压。在运行阶段，温度对 PV 工作电压影响较大。温度越高，PV 工作电压越低。中午环境温度高，组件接收的光照也高，输出功率大，因此组件内部温度高，PV 工作电压就比较低。

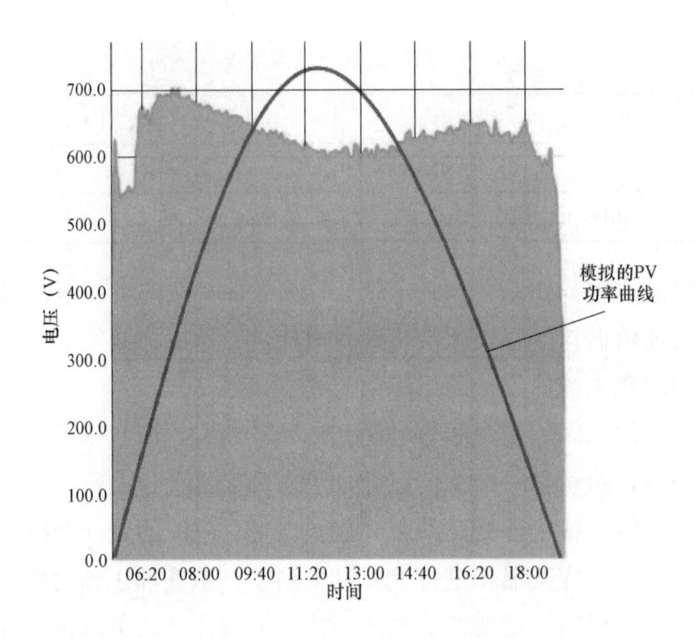

图 4-7　正常天气光伏组件电压和电流图形

2. PV 电压故障分析

图 4-8 所示为该电站在一个比较差的天气，一天的电压曲线图，由图 4-8 可以看到，天气差的时候，在开机阶段和结束阶段，电压变化幅度较大；在运行阶段，电压幅度变化较小，这说明如果组件温度变化不大，组件的工作电压变化也不会大。

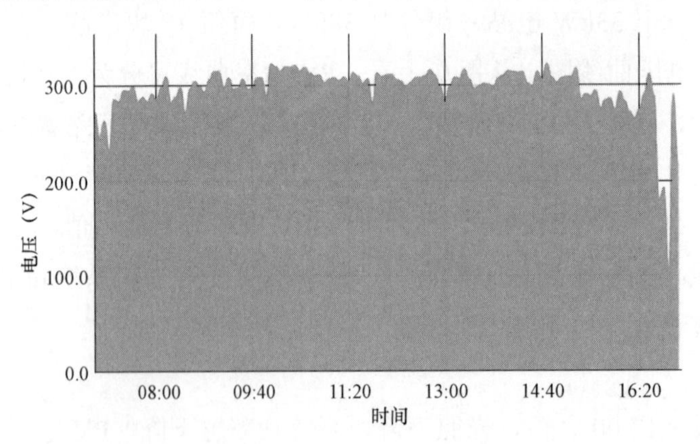

图 4-8　较差天气光伏组件电压图形

（1）PV 电压上升故障分析。如图 4-9 所示，在运行的过程中，PV 电压突然上升，接近开路电压，这种情况说明系统已停止工作，组件处于开路状态。造成故障的原因有以下几种：

1）逆变器故障造成停机；

2）电网停电或者交流开关断开；

3）交流电压超范围，逆变器启动保护机制而停机。

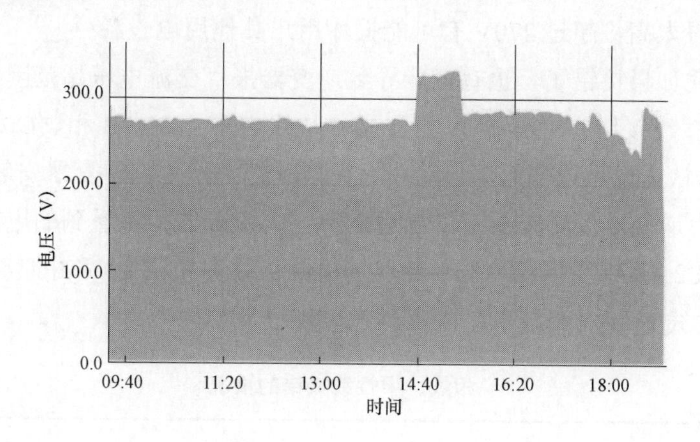

图 4-9　PV 电压突然上升图形

（2）PV 电压下降故障分析。PV 工作电压如果长期低于组串工作电压，有可能是光伏组串中间某一块组件的连接线与地相接。解决办法：用万用表电压挡测量组件正负极对地的电压，在正常情况下，如果系统电压是 600V，那么组件正极对地的电压是“+300V”，组件负极对地的电压是“−300V”，如果检测到正极对地的电压是“+244V”，就表示从正极端向前数据，第 8 块到第 9 块组件之间的连接线出了问题。

（3）PV 电压为零故障分析。如果逆变器检测不到组串的电压，显示为零，说明系统断开了，有可能是光伏组串中间某一个接头断开，逆变器或者直流汇流箱开关没有合上，逆变器 PV 熔断器烧断等原因。

4.2.3　从监控中分析交流电压故障

光伏逆变器监控中会出现“交流电压超范围”故障而停电，逆变器的输出电压跟随电网电压，在电网异常时，需要逆变器停止供电，以免对电网造成更大的伤害。

NB/T 32004—2018《光伏并网逆变器技术规范》规定，交流输出侧过电压/欠电压保护范围是额定电压的 85%～110%，当超过这个标准时，逆变器要停止运行，单相并网的额定电压是 230V，当电网电压低于 195.5V 或者高于 253V 时，逆变器原则上要停机，三相并网的电压是 400V，当电网电压低于 340V 或者高于 440V 时，逆变器原则上要停机。

下面两种情况电网电压会偏高，一是靠近降压变压器的地方，为了保证离变压器较远的地方电压正常，考虑到线路电压损耗，一般都会将变压器输出电压拉高，二是光伏发电用户侧消化不了，输送到较远的地方要提高电压，造成逆变器输出侧电压过高，引起逆变器保护关机。

这时候有三种方法可以让逆变器继续运行：一是加大输出电缆线径，因为电缆越粗，阻抗越低；二是移动逆变器靠近并网点，电缆越短，阻抗越低；三是手动调整逆变器电压范围，但不能调得太高，超过 270V 有可能损坏用户其他用电设备。

逆变器交流线如果接错了，也有可能导致逆变器报“交流电压超范围”故障。

如相线和中性线接错，逆变器 A 相会显示是线电压 40V，B 相、C 相会显示是相电压 230V，逆变器认为电压过低而不启动。这种情况都是发生在逆变器安装阶段。

表 4-6 所示为逆变器报交流电压超范围警告，从 App 监控上看到的电网各相电压，其中 AC1 正常，AC2 和 AC3 电压偏低，经现场检测，就是相线 L1 和中性线 N 线接反了，把 L1 相线和中性线 N 线对调过来，逆变器就恢复正常了。

表 4-6　　相线、中性线接错的情况

项目	电压（V）	电流（A）	功率（W）
PV1	680	0	0
PV2	680	0	0
AC1	400	0	0
AC2	230	0	0
AC3	230	0	0

交流开关接触不良或者损坏，也会导致逆变器报“交流电压超范围”故障。逆变器后面的交流开关，由于长时间运行，如果电缆线头没有压紧，或者开关质量不好，触点就会出现比较大的内阻，有可能导致电压下降。

表 4-7 是一个电站报交流电压超范围警告，从 App 监控上看到的电网各相电压，AC1 是 10.1V，AC2 是 126.2V，AC3 是 128.9V，现场测量电网电压正常，开关也没有断开，只是开关温度比较高，后来拆开电缆接线端子，发现接触点变黑了。后来重新更新电缆接头和开关，电压就正常了，逆变器也能运行了。

表 4-7　　交流电压超范围的情况

项目	电压（V）	电流（A）	功率（W）
PV1	710	0	0
PV2	705	0	0
AC1	12	0	0
AC2	110	0	0
AC3	125	0	0

如何检测交流电压故障，首先用万用表检测电网电压，如果电压不正常，就说明是电

网的问题；再检测交流开关，正常闭合状态下，开关上下导通，进线和出线之间是没有电压的，如果电压大于5V，就说明开关有问题；如果交流开关也没有问题，就检测逆变器的交流输出接线端子，用万用表检测接线端子相线之间的电压，要与电网的电压一致，如果不一致，可能是从开关到逆变器这一段电缆有问题，或者逆变器输出端子有问题；如果交流输出接线端子电压也正常，逆变器还报交流电压故障，就说明逆变器有故障，需要返厂维修。

4.2.4 从监控中找出光伏系统阴影故障

现在安装光伏电站，监控系统几乎成为标配，有了监控系统，不仅随时随地都可以了解光伏电站的运行情况，还可以从监控参数和运行图形中，找到系统可能存在的问题，判断故障的类型，从而快速解决问题，降低损失。阴暗遮挡是光伏系统最常见的一种故障，而动态的阴影遮挡并不是一直都有，要在现场长时间观察才能看到，但从监控参数中也可以找到规律。

1. 阴影遮挡的定义

由于受到云层、树木、建筑物以及飞禽排泄物的影响，光伏阵列会受到局部阴影遮挡，这时候光伏组件接收的光照强度会发生改变，逆变器输出功率降低。

阴影又分为主观阴影和客观阴影，主观阴影又可以分为动态阴影和静态阴影，客观阴影指因天气原因而造成的光照强度减弱，比如云雾、雨雪等天气，主观阴影是由附近障碍物阻拦了阳光直射而造成的阴影覆盖，主观静态阴影特指组件表面的覆盖物，如鸟粪、树叶、灰尘、积雪等。主观动态阴影就是广义的“阴影”，它由光伏系统周边的高大建筑物、烟囱、树林、电线杆或者方阵前后排引起的，形状随太阳的移动而变化，一般中午太阳直射时没有，早晨或者傍晚有。

2. 阴影遮挡对系统的影响

晶硅组件是由60或者72个电池片组成的，一般是20或者24个电池片构成一串，每串都有一个旁路二极管，当组件出现局部遮挡或者损坏时，由发电单元变为耗电单元，产生热斑效应，电阻值增加，二极管两端电压升高而导通，让其他正常组件所产生的电流通过，系统继续发电。

3. 阴影遮挡系统参数的变化情况

（1）当阴影遮挡面积不大时：旁路二极管未导通，组串的工作电压稍微升高，电流降低较大，功率下降到80%以上。

（2）当阴影遮挡面积较大时：旁路二极管导通，组串的电压降低，电流稍微升高，但仍比正常的低。

（3）当阴影遮挡没有时，电压和电流立即恢复正常，功率曲线也恢复正常。

有无阴影时的发电功率变化曲线对比如图4-10所示。

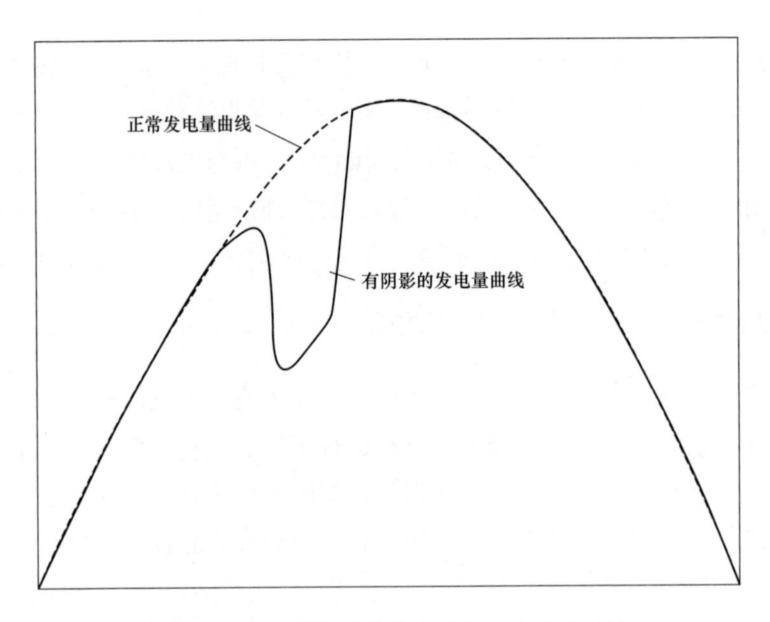

图 4-10 有无阴影时的发电功率变化曲线对比

通过逆变器自带的 $I-U$ 和 $P-U$ 曲线扫描，也可以看到图 4-11 和图 4-12。

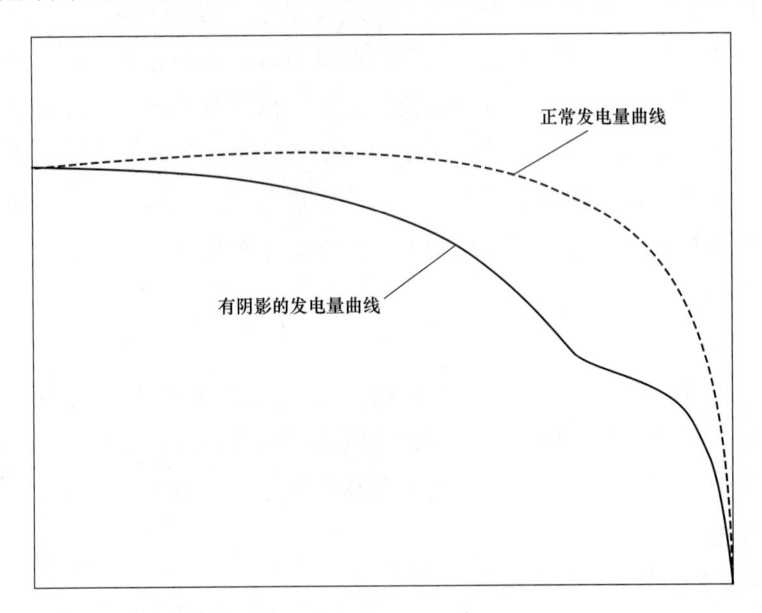

图 4-11 有无阴影时的 $I-U$ 功率曲线对比

（4）其他故障，如组件损坏、脏污、衰减也会引起方阵功率下降，阴影遮挡有其独有的特点。

1）阴影刚开始时，一般都是电压先升高，再下降；电流先下降，再上升，组串 $I-U$ 曲线出现双峰或者多峰。

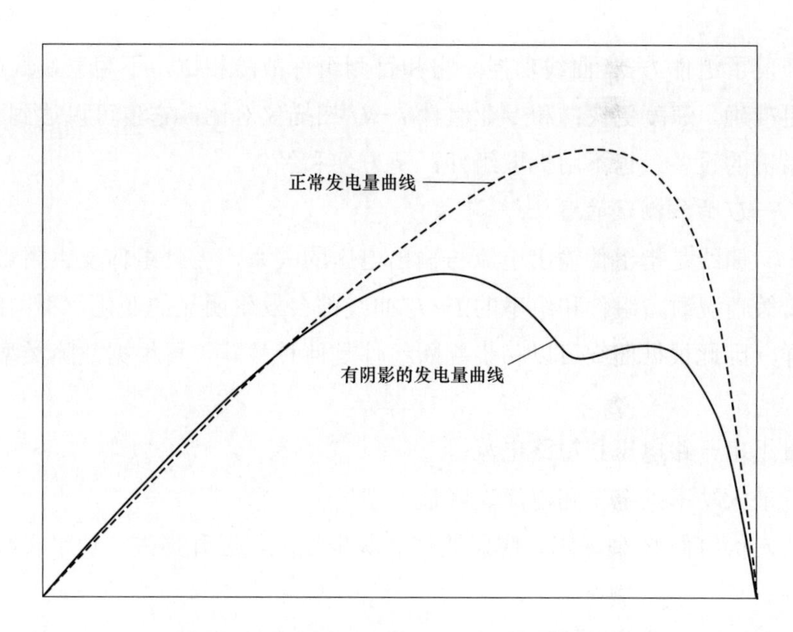

图 4-12　有无阴影时的 $P-U$ 功率曲线对比

2）方阵功率下降，出现的时间有规律，一是有阳光的时候，且阳光强度越大，功率下降越多；二是每天出现的时间和恢复的时间都差不多。

4．阴影遮挡故障的处理方法

根据电路串联原理，当方阵有一块组件受到阴影遮挡时，整个 MPPT 回路发电都会受到影响，因此在光伏电站选址和设计过程中，选择地势较平缓地段，并且避免在大坡度阴坡布置光伏组件，确保组件之间保持适当的行间距，避开高大建筑、塔杆或树木对光伏组件形成阴影。

（1）如果实在避不开，要把有阴影遮挡的组件尽量安装在同一个组串，同一个 MPPT，避免其他方阵受到影响。

（2）如果环境复杂，尽量选择 MPPT 路数多的逆变器，因为每个 MPPT 回路都是单独跟踪，不会影响其他回路。

4.2.5　利用 $I-U$ 曲线扫描检测组件

在光伏系统中，组件成本占比最大，对系统发电量影响也最大，组件要安装在露天场所，容易受到外界环境影响，据统计，组件上的灰尘、树叶等脏污，组件局部遮挡，旁路二极管、硅片、组件功率 PID 衰减等因素对系统发电量影响最大。组件出了故障，在小型户用系统，一般是通过目测来检查；在中大型系统，则通过专业组件 $I-U$ 曲线测试仪来检测。

监控收集了光伏组件各种故障下不同的 $I-U$ 曲线，并加以整理，模拟 $I-U$ 曲线测试仪的原理，开发了组件 $I-U$ 曲线功能。它和目测组件故障相比，不用一块块去观察组件，而且比目测更准确，速度更快；和专业组件 $I-U$ 扫描仪对比，它也可以达到相同的效果，但不用购置昂贵的设备，也不用拆取组件，更方便和经济。

1．组件 $I-U$ 曲线测试的意义

光伏 $I-U$ 曲线是指组件输出电流与输出电压的关系，一旦组件发生阴影遮挡、损坏或者接触不良等情况时，组件和组串的 $I-U$ 曲线都会发生明显的变化。不同的故障类型，曲线会不一样，因此根据曲线可以初步判断组件是何种故障，再根据故障类型采取相应的措施。

（1）测量组串开路电压和短路电流。

（2）测量最大功率点电压和电流、峰值功率。

（3）识别光伏组件/阵列缺陷、阴影遮挡、灰尘损失、温升损失、功率衰减、串并联适配损失等问题。

2．认识组件 $I-U$ 曲线

光伏组件的特性曲线，正常的时候如图 4-13 所示的曲线，曲线包括三个部分的平滑部分，第一部分是水平线（近乎水平，只有一点点下降）；第二部分是圆膝（近乎圆弧）；第三部分是墙（近乎垂直）。

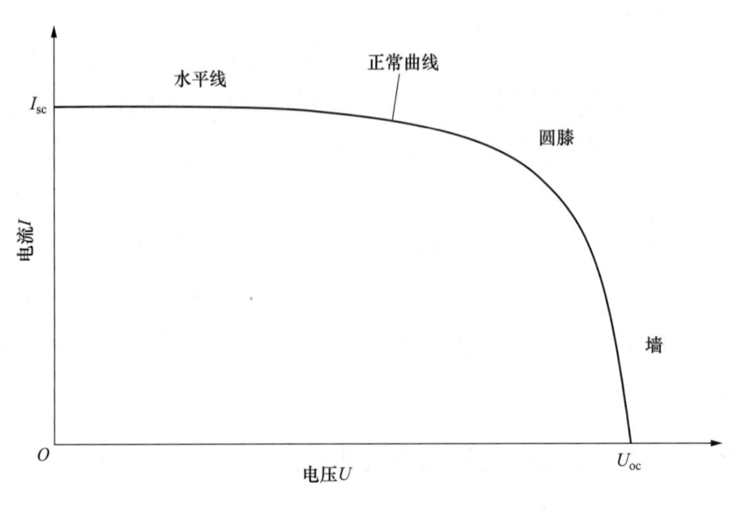

图 4-13　正常 $I-U$ 曲线

如果组件出现故障，$I-U$ 曲线就会发生变形，下线是几种常见的典型异常的 $I-U$ 曲线。

（1）多阶梯或凹陷 $I-U$ 曲线如图 4-14 所示。

曲线中的阶梯或凹陷表示被测试的阵列或组件的不同区域之间的不匹配情况，可能会由下列情况引起。

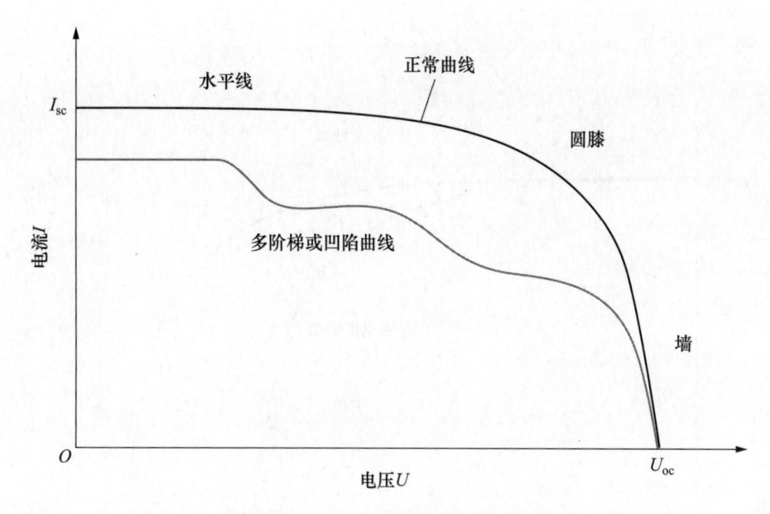

图 4-14　多阶梯或凹陷 $I-U$ 曲线

1）阵列或组件局部遮挡；

2）阵列或组件局部污渍或以其他方式遮蔽（比如雪等）；

3）电池片/组件损坏；

4）旁路二极管短路。

（2）短路电流偏小 $I-U$ 曲线如图 4-15 所示。

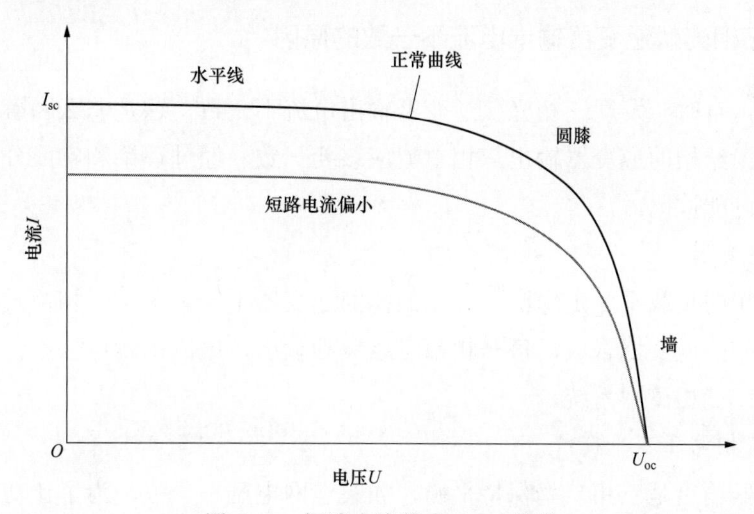

图 4-15　短路电流偏小 $I-U$ 曲线

导致组件短路电流偏小的原因：组件大面积均匀污染、组件功率衰减（如焊带氧化、EVA 变黄、电池片隐裂和热斑）。

（3）开路电压偏低 $I-U$ 曲线如图 4-16 所示。

开路电压偏低的原因：组件旁路二极管导通或短路，组件数量错误，组件正极或者负极对地绝缘不好，电势诱导衰减（PID），整个电池片/组件/组串有明显的、均匀的遮挡，组件温度升高。

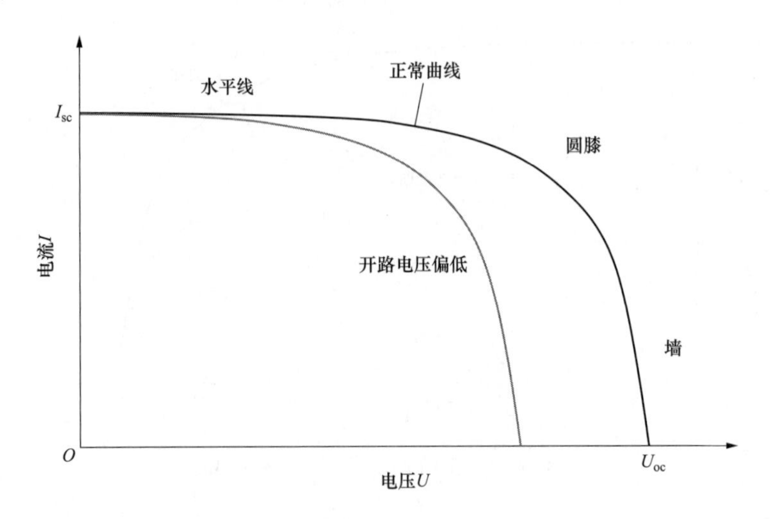

图 4-16 开路电压偏低 $I-U$ 曲线

通过分析光伏阵列的 $I-U$ 特性曲线形状，不仅可以初步判断光伏组件是否正常，还可以查找到有故障的光伏组件，而逆变器集成了这个功能，方便快捷查找组件故障，省时省力省钱，给投资方和运行维护方带来了极大的便利。

4.2.6 三相光伏逆变器输出电流不一致的原因

在监控中，有时会发现三相光伏逆变器输出电流不一致，这是怎么回事?从常识来讲，采用通用的桥式结构的逆变器输出三相电流应该要一致，经过理论和实践分析，输出电流不一致有三种可能原因。

1. 离网逆变器

由于每一相的负载不一定均衡，三相的离网逆变器不一定采用三相桥式电气结构，而是采用 3 个单相的逆变器合成，每一相都可以单独输出，电流也就可以不一样。

判断依据：三相离网系统。

2. 电网三相电压不平衡

并网逆变器输出是三相功率保持平衡，如果电网电压不一致，为了让功率保持平衡、逆变器需要调整电流，因此会出现电流不一致的情况。

判断依据：交流电压三相不一致。

3. 逆变器故障的原因

由于逆变器的电流采样原因，正常的逆变器输出电流显示也会有 2%左右的差别，如果电流差值较大，而交流电压的差错又不小，则有可能是逆变器出现了电路故障，需要售后处理。

判断依据：交流电压正常，电流相差较大，或者输出功率和输入功率不一致。

4.2.7 监控显示逆变器显示无市电连接处理

监控显示逆变器显示无市电连接，是常见的一个报警信息，其原因有两个：一是电网停电；二是交流开关断开，逆变器检测不到电网的信息，于是发出“无市电连接”报警信息，逆变器停止发电，进入孤岛保护程序，等待电网来电或者开关合上再并网运行。

从操作上讲，如果是电网停电，不需要人工任何操作，电网如果恢复就可以运行了；如果是交流开关断开，则需要人去现场，去检测是什么原因导致开关断开，先要找到故障原因，把故障消除了再合上开关。

从手机App监控，进入电站，再找到报警的逆变器，点开逆变器参数，查看逆变器的交流电压。交流电压为零的情况见表4-8。

表4-8　　交流电压为零的情况

项目	电压（V）	电流（A）	功率（W）
PV1	750	0	0
PV2	750	0	0
AC1	0	0	0
AC2	0	0	0
AC3	0	0	0

如果交流电压是0V，有可能是电网停电，如果不方便马上去现场，这时候可以稍不做处理，等待电网来电，当然也要证实一下，是不是电网停电的原因。交流感应电压的情况见表4-9。

表4-9　　交流感应电压的情况

项目	电压（V）	电流（A）	功率（W）
PV1	680	0	0
PV2	680	0	0
AC1	12	0	0
AC2	15	0	0
AC3	16	0	0

如果交流电压有少量电压，如几伏到十几伏，交流开关断开的可能性比较大，因为交流开关断开，触点之间还是会有一点感应电压，漏电开关和带电流检测的断路器，里面有脱扣线圈，也会有一些残余电压传到前端。

开关跳闸可能是系统出现电流、电压、温度、漏电流等原因，这时候就必须要检测，并把故障消除才能合闸。

（1）电流原因：这种故障最为常见，断路器选型太小，或者电路老化。设计时，首先要计算电路的最大电流，开关的额定电流要超过电路最大电流的 1.1～1.2 倍，开关建议 5～8 年更换一次。

（2）电压原因：断路器两相之间，有一个额定电压，一般单极为 250V，直流电压如果是 1000V，要 4 个串联才能满足这个电压，交流逆变器现在输出电压有 400V、480V、500V、540V、800V 等多种规格，设计时要注意选型。造成超压跳闸原因可能有两种，一种是断路器的额定电压型选错了，另一种是当光伏系统的功率大于负载用电功率时，逆变器提高电压往外送电。

（3）温度原因：这种故障也较常见，断路器标注的额定电流，是器件在温度为 30℃情况下能长期通过的最大电流，温度每升高 10℃电流减少 5%。而断路器因为有触点存在，也是一个发热源。造成断路器温度过高的原因有两种：一是断路器和电缆接触不良，或者断路器本身触点接触不好，内阻大，导致断路器温度升高；二是断路器安装的地方环境封闭，散热不好。

（4）漏电原因：组件或者直流线路绝缘层破坏，开关选型过小，线路或者其他电器故障。当因漏电故障造成跳闸时，必须查明原因排除故障后，方可重新合闸，严禁强行合闸。漏电断路器发生分断跳闸时，手柄处于中间位置，当重新闭合时，需先将操作手柄向下扳动（分断位置），使操动机构重扣合，再向上进行合闸。

由于光伏组件安装在室外，多路串联时直流电压很高，组件对地会有少量的漏电流，因此选用漏电开关时，要根据系统大小调节漏电流的保护值。一般常规 30mA 的漏电开关，只适合安装在单相 5kW 或者三相 10kW 以下的系统，超过这个容量，要适当提高漏电流的保护值。

4.3 光储电站日常运行维护

4.3.1 光伏电站运行维护

光伏电站运行维护包括两方面：一是前期消除缺陷，因为现场的环境多样性，设计院不可能什么都能考虑到，施工过程中人工的操作有很多不确定性，有些细节可能会出问题，可能影响系统安全；二是后期设备的故障、环境的变化，如光伏组件、逆变器、变压器等设备出现故障，组件有脏污，周边有杂草或者树木遮挡等，可能影响系统发电量，需要及时处理。

电站运行维护人员，一是要勤劳、细致，经常巡检电站，不放过每一个细节，特别是光伏接头、逆变器、开关等器件；二是要提升技术水平，能看懂和分析逆变器的监控信息，并做出预防性处理。

1. 光伏电站前期消除缺陷

电站前几天运行消缺很重要，结构方面，主要是支架紧固件是否拧紧；电气方面，主要是直流和交流各个接头，逆变器的交直流端子，交流配电的接线端子，要特别注意接触不良、接线端子没有插好、开关接线的压接太松或者太紧。

（1）要安装好监控，大部分故障可以从监控中看出来，正常情况下，逆变器每一个组串，如果数量一样，没有遮挡，每一路的组串电流和电压应该差不多，交流输出，每一相的电压和电流也应该差不多，如果电流相差超过 5%，就要检测相应的回路。每一台逆变器，如果接入的组件差不多，朝向一致，输出功率应该也差不多。

（2）运行时，逆变器、开关、接头会比环境温度高一点，但差别不会很大，用手触碰外壳应该不会感到非常烫。正常情况不会有烧焦的异味。

2. 长期运行维护注意事项

光伏系统包括组件、支架、逆变器、配电箱、升压站、电缆等部件，其中支架和电缆一般不容易坏，配电箱比较简单，里面只有几个开关，如果坏了，一般的电工也可以更换。光伏组件安装在露天下，接受阳光转化为电能，是系统容易坏的部件之一，光伏逆变器，主要功能是把组件发出来的直流电转化为交流电，同时还有系统检测、监控、通信等功能，在运行中承受高电流、高电压和高温，也是比较容易坏的设备。

（1）如果检测组件坏了，就需要替换。组件分为单晶、多晶、薄膜等材料类型，不同的材料 $I-U$ 曲线不一样，更换时要注意用同一种材料。按照电路原理，串联回路的电流是由最小的一块组件电流决定的，替换的原则：最佳方案是组件的电流和电压都相同；其次是电流相同，电压相近；再次是电流和电压相近。找一块同厂家同型号的组件替换，这样不会有任何影响，如果原型号不生产了，可以用同厂家功率稍大的组件替换；如果原厂不存在了，可以找另外一个品牌同功率的组件，如果同功率的组件没有生产了，可以用功率稍大的组件替换。

替换组件要注意以下两点：

1）不要用不同材料的组件替换，如用多晶组件替换单晶组件、用薄膜组件替换晶硅组件，这样会造成回路 MPPT 追踪混乱；

2）不要用功率小的组件替换功率大的组件，这样会造成整个回路电流下降。

（2）如果检测逆变器坏了，可视情况选择维修和更换，在生产厂家存续的情况下，尽量交由原厂维修；在生产厂家没能力提供维修服务时，用别的厂家替换也可以。替换时，要弄清楚逆变器输入组串数量，组件的串联数量、逆变器的输出电压等级，替换的原则是：首先同功率同输出电压同组串数量更换，这样可以减轻工作量；可以用多台组串式逆变器替换一台集中式逆变器，因为组串式逆变器规格型号多、更灵活，不建议用集中式逆变器去替换组串式逆变器。

（3）升压站设备故障是光伏电站中的常见故障，包括变压器故障、输电线路故障、继电保护装置故障、输电线路故障等。当升压站出现故障时，将会对避雷器、变压器、直流系统和无功补偿设备等造成损坏，严重时会威胁人员安全。运行维护人员应该对电源状况进行全面检查，防止通信系统和直流系统受到影响。同时，应该分析保护动作类型，实现对故障问题的初步分析与判断。对一次系统加以全面检查，明确故障点的具体位置，做好与电网调度中心的沟通联系，得到电网调度中心的支持理解，通过消缺处理解决升压站故障问题。

4.3.2 冬季光储电站维护

立冬以来，天气越来越冷，光伏电站的发电量也越来越低，这里面除了天气原因之外，也和环境有很大关系，在低温下，光伏组件、逆变器、储能电池的性能都会发生一定的变化，在设计电站和做电站运行维护时，都是考虑低温因素。

1. 冬季光伏组件特性与维护

组件的电压随温度的变化而变化，这种变化的系数称为电压温度系数。如数值－0.35%/℃，意思是温度每降低（升高）1℃，电压升高（降低）基准电压的0.35%。组件标准工作条件之一是温度为25℃，如果到－20℃，组件的电压会升高16%，电压发生变化，相应的组件串电压就会发生变化，因此，在电站设计过程中，必须根据当地最低/最高温度，计算出电压变化范围，最大组串开路电站不能超过逆变器的最高限压。

冬季日照时间变短，地表太阳能辐射量减弱，同时由于冬天雾霾天气相对增多，空中悬浮物会对太阳能进行吸收和反射，导致组件表面接收的阳光大幅度降低。颗粒物的长期聚集可能使组件大量发热，造成热斑现象，轻则威胁组件寿命，重则引起火灾。光伏组件表面还可能存在灰尘污垢，它们的存在会导致电池输出能量减少。

由于组件表面的累积污垢，电池效率损失可达到15%以上，造成年平均发电效率可降低6%，要注意及时清洗组件。雪对于光伏电站的影响和污垢影响类似，都是影响组件的透光性，进而影响发电量。雪后组件上如果堆积有厚重积雪是需要清洁的，可以利用柔软物品将雪推下，注意不要划伤玻璃，不能踩在组件上面清扫，会造成组件隐裂或损坏，影响组件寿命。

2. 冬季储能电池的保养

（1）温度控制。锂电池最好的充电环境是在15～25℃，尽量避免在夏季正午室外高温充电和冬季夜晚室外充电。温度过高容易过充，温度过低容易欠压，会对锂电池的性能造成影响。

（2）浅充浅放，随用随充。锂电池没有记忆效应，如果等完全没有电了再充电，会缩短锂电池的使用寿命。即使充电一次可以使用2～3天，也建议每天都进行充电。使电池保持浅循环状态，有利于电池寿命的延长。

（3）保持足电。冬天锂电池应该保持足电状态，这样可延长电池寿命。电池应充满电后再使用，偶尔一次没充满电对电池影响不大，但经常不充满电就使用，电池将出现一种记忆性，影响其续行里程，同时也损耗电池的使用寿命。

总而言之，在锂电池使用过程中避开低温，经常对电池充电。将锂电池置于阴凉处，而不要进行冷冻。避免放在高温的汽车内。如需要长时间保存，将电池充到40%的电后放置。

3. 逆变器冬季处理

光伏逆变器的主要部件有结构件和电子器件，结构件是不怕低温的，电子器件有电阻、电容、电感、继电器、显示屏、风扇、功率开关管、传感器、CPU芯片等，各元器件耐低温性能不一样，逆变器的低温取决于表4-10中元器件。

表4-10　　逆变器各元器件工作温度范围　　℃

项目	风扇	显示屏	电解电容	薄膜电容	继电器	电感
工作温度	−10～70	−30～80	−30～105	−50～105	−40～125	−25～130
储存温度	−30～70	−35～80	−40～105	−50～105	−40～105	−25～60

LCD液晶显示屏，人们担心在低温下液态晶体不会像水那样冻成固态。光伏逆变器使用的STN-LCD，前后有透明导电玻璃，工作温度在−30～80℃，储存温度是−35～80℃。

电解电容工作温度−30～105℃，电解电容由于存在电解液，人们担心在低温下会不会冻住，其实电解液在−40℃也不会冻住。但是电解液的导电性随着温度的降低而降低，从而会导致电解液阻抗增加，并因此增加阻抗。低于温度限值的工作并不会损坏电容，尤其是当逆变器运行时，有电流流经器件时，产生的热量会提高电容器温度，使其远大于环境温度，使电容可维持设备运行。

薄膜电容可以在−50℃时工作，容量还不受影响，有更宽使用环境温度范围的特性，这也是液体电容和固体电容的差别，薄膜电容在低温状态工作的稳定性非常好。

芯片是在半导体基片上通过工艺手段做成的集成电路。半导体的性能不是一成不变的，温度是影响半导体芯片的一个重要因素，随着温度的升高或降低，半导体的导电能力、极限电压、极限电流和开关特性等都有很大的改变，而这些参数的改变可能造成半导体外部特性。比如，一个芯片在常温下能承受1.4V的电压，温度过高，可能就承受不了，导致半导体击穿，造成芯片损坏；温度过低，造成1.4V根本无法打开其内部的半导体开关导致其不能正常工作，逆变器中的控制芯片DSP、ARM和CPLD，还有很多光耦、运放、存储器等，这些IC芯片工作温度为−40～85℃，存储温度可以更低，不用担心IC芯片在低温下不能工作，但有些运算放大器在低温下可能会有漂移，会对温度、电压、电流的测试造成误差。

功率模块工作温度为－40～125℃，功率模块的运行温度范围是非常重要的参数。温度和散热对于系统的可靠和有效运行非常重要。功率模块的温度范围在－40～125℃之间，主要是怕高温，低温对功率模块没有影响，而且逆变器一旦运行，功率模块的温度会迅速上升。

冷却风扇的工作温度为－10～70℃，在低温时有可能工作不了，但是，风扇的主要作用是散热的，低温下不需要工作，所以要选用带智能风冷的逆变器，风扇要到一定温度才会启动。

电流传感器是逆变器最关键的元器件，它的测量精度和线性误差将直接决定硬件效率，电流传感器做得比较好的厂家有瑞士的 LEM、美国的 VAC、日本的田村等，有开环和闭环两种，开环的电流传感器一般是电压型，体积小，质量轻，无插入损耗，成本低，线性精度为 99%，总测量误差在 1%左右；闭环的电流传感器，频带范围宽，精度高，响应时间快，抗干扰能力强，线性精度为 99.9%，总测量误差为 0.4%。闭环电流传感器工作温度在－40～85℃之间，开环电流传感器工作温度在－10～80℃之间，因此在北方低温环境，建议使用闭环传感器。开环和闭环传感器的特性对比见表 4-11。

表 4-11　　开环和闭环传感器的特性对比

项目	储存温度（℃）	工作温度（℃）	精度（%）	输出类型
闭环电流传感器	－40～90	－40～85	0.4	电流型
开环电流传感器	－25～85	－10～80	1.0	电压型

总结；

冬季光伏发电量少了，这是正常现象，但是在冬季要注意组件的维护和保养，注意清理灰尘和积雪；锂电池要注意多充多放，保持合适的温度；逆变器是电力电子产品，冬季低温由于发电量少，故障也少很多；系统设计时，要注意组件的电压温度系数。

4.3.3　夏季光储电站提升发电量

以辽宁沈阳一个电站为例，如图 4-17 所示，它记录了 2022 年全年的发电量，可以看到，光伏发电量并不是在最热的 7—8 月最高，而是在 5—6 月最高，其原因如下。

原因之一：导致天气热的红外线光伏组件不能吸收。

太阳光是由连续变化的不同波长的光混合而成，包含了各种波长的光：红外线、红、橙、黄、绿、蓝、靛、紫、紫外线等，其中可见光部分辐射能量占 40%左右，红外光谱区的辐射能量占 40%左右，其余就是紫外光谱区的辐射能量。但是太阳能电池只能吸收部分可见光的能量，转化为电能，紫外光谱区不能进行能量变换，红外光谱区过长的长波只能转换为热量，我国位于北半球，太阳光辐射的角度，夏天比冬天小太阳直射点向北回归线移动，太阳高度角大，所以夏天季节红外线强，明显的标志是夏天的温度高于冬天。红外线热量会提高光伏组件的温度，降低发电量。

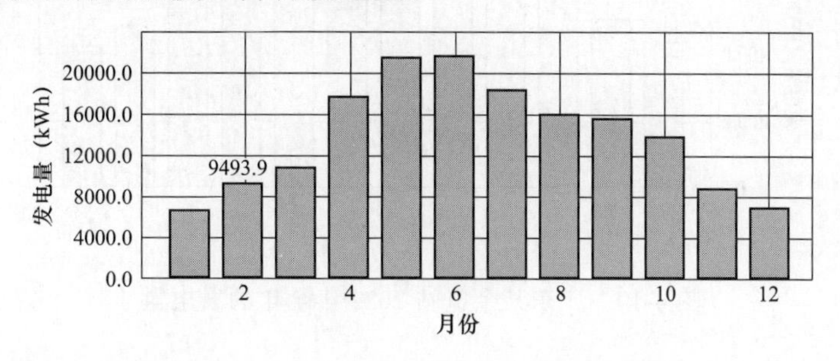

图 4-17　辽宁沈阳某个电站 2022 年全年的发电量

原因之二：组件的负温度系数。

光伏组件是半导体材料，内部有电阻，会消耗一部分电能，和铜铝电缆材料一样，光伏阻件的内阻也是随着温度的升高而增加，具体就表现在输出功率下降。组件参数中的最大功率（P_{max}）的温度系数为－0.39%/℃，就是组件的温度下降系数，如一块 300W 的组件，是指在标准光照，电池温度为 25℃的情况下，最大输入功率，在炎热的夏季中午温度最高的时候，电池的温度可达 70℃，这时候的功率就只有 82.45%，下降了 17.55%。

因此虽然夏季是有强烈光照和增长的光照时间优势，但同样会对电站的发电量产生负面影响：如夏季气温高，空气湿度大，强降雨雷暴等恶劣天气相对频繁，这些因素都会影响光伏电站的发电量，不良影响会带来安全隐患。

是不是全国所有的地区，都是 4—5 月发电量高，笔者调出全国几十个典型电站，分析了一年的光伏发电数据。

图 4-18 所示为河南的一个 700kW 工业屋顶项目，可以看到，6、8、7、4 这 4 个月发电量比较高。最高是 6 月，93505.71kWh，平均每天每千瓦 4.45kWh。

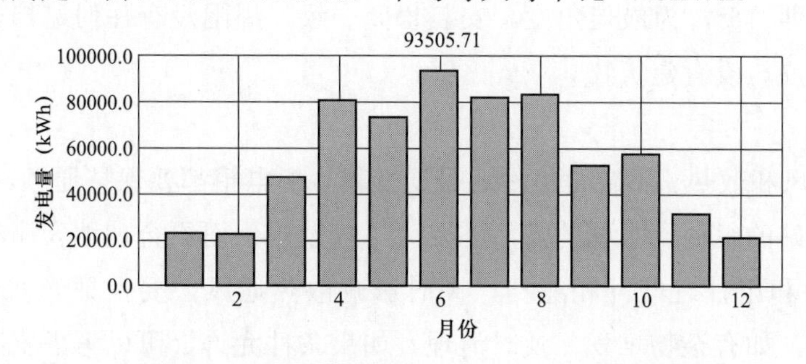

图 4-18　河南某个电站 2022 年全年的发电量

图 4-19 所示为广东的一个户用 7kW 屋顶项目，最高是 5 月，约为 815kWh，平均每天

每千瓦 3.84kWh。其次是 7 月、9 月。

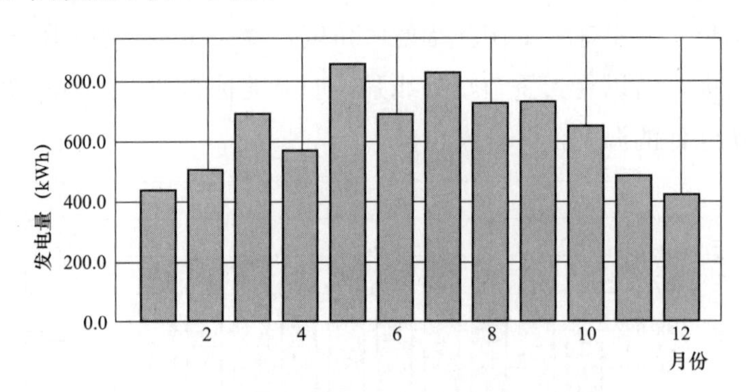

图 4-19　广东某个电站 2022 年全年的发电量

图 4-20 所示为江西的一个工商业 80kW 屋顶项目，最高是 7—8 月，其中 8 月约 12052kWh，平均每天每千瓦发电量达 5kWh。该电站 2018 年全年发电量达到 105530kWh，平均每瓦年发电量达 1.32kWh，远超过平均水平。经过实地考察和分析，原因如下：

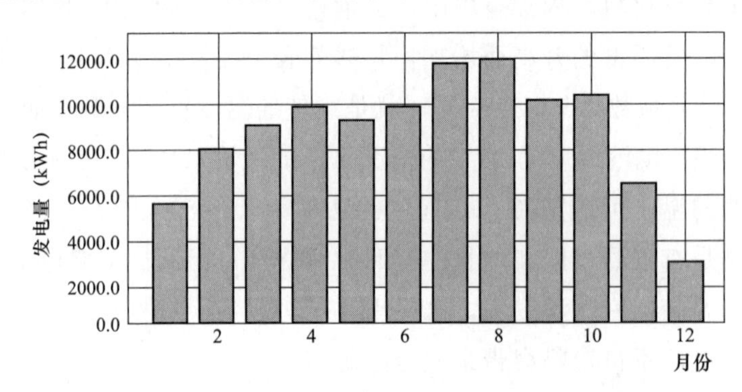

图 4-20　江西某个电站 2022 年全年的发电量

该电站安装在江西上饶，环境很好，夏天不是很热。该电站采用两台 40kW 逆变器，组件均为 20 块一串，为最佳组串工作电压。该电站安装倾斜角度为 20°，夏季发电量高，方位角度为南偏西 15°，为最佳角度。安装角度一致，周围没有任何遮挡。最关键的是该电站通风极好，周边没有建筑物。

总结：

（1）保持通风和散热。不管是组件还是逆变器，配电箱都要保持通风，确保空气流通。对于屋顶光伏电站的组件，重要的是，不要为了多发电，而不合理地安排光伏电站组件的排布，造成组件和组件之间互相遮挡，同时影响散热通风，要保证光伏组件、逆变器、配电箱四周开阔，如有杂物堆积，及时清理。如果条件允许，可以考虑安装一个喷水降温装置。

（2）可根据通风条件设计倾斜角度，低于最佳倾角时夏季发电量高，而角度大时冬季发电量高。

（3）给逆变器配电箱电缆桥架搭个遮阳伞，并网逆变器一般都是IP65防护等级，具备一定的防风、防尘、防水等级，但是，逆变器、配电箱工作时，本身也要散热，所以在安装逆变器、配电箱时最好装在遮阳、避雨的地方，如果要露天安装，应给逆变器、配电箱做一个简易的遮阳棚，防止太阳直射。

4.3.4 春节放假期间光伏电站维护

1. 电站安全检测

（1）检查光伏组件有没有玻璃粉碎、边框破裂等情况，光伏组件接线盒是否变形、扭曲、开裂或烧毁。

（2）检查电气系统的绝缘情况，确保系统对地的电阻足够大。

（3）光伏支架的所有螺栓、焊缝和支架连接应牢固可靠，表面的防腐涂层不应出现开裂和脱落现象。

（4）逆变器结构和电气连接应保持完整，不应存在锈蚀、积灰等现象。

（5）散热环境应良好，逆变器运行时不应有较大振动和异常噪声。

（6）逆变器、配电柜要打开盖子检查一下，特别是进风口，如发现有树枝、小动物等异物，要及时清理。

2. 组件清洗，保证发电效率

光伏组件表面应保持清洁，光伏电站的光伏组件清洗工作应选择在清晨、傍晚、夜间或阴雨天进行。早晚进行清洗作业须在阳光暗弱的时间段内。使用干燥或潮湿的柔软洁净的布料擦拭光伏组件，严禁使用腐蚀性溶剂或硬物擦拭光伏组件。

清洗的常规步骤如下：

（1）扫去灰尘。用干燥的掸子或抹布等将组件表面的附着物如干燥浮灰、树叶等扫去。

（2）除去固体污渍。如果组件上有紧密附着其上的硬性异物如泥土、鸟粪、植物枝叶等物体，需要使用无纺布或毛刷擦拭。

（3）水洗。将清水喷到有污染物的区域后，用毛刷擦拭去除。如遇油性物质，可将调有洗洁精或肥皂水的混合溶液涂在染色区域，等溶液将污染物渗透后，用毛刷擦拭去除。如果仍无法去除，可以使用少量酒精等非碱性的有机溶液进行擦拭，然后用含有洗洁精的混合溶液洗去残留有机溶液。

3. 紧急情况应急处理

春节期间，要做好紧急情况应急处理，首先要再三检查逆变器的监控是否正常，有了监控，就可以随时查看和处理电站。

春节期间很多工厂停工了，用电负荷下降，因此供电局可能会对部分风电、光伏企业进行限发或者停发。如果接到供电局的通知，可以在远程通过手机 App 监控，也可以进行限发或者停发的操作。

如果电站不幸被鞭炮炸了，或者线缆被小动物咬断造成接地等事故，有可能造成电站起火、触电等安全隐患，可在第一时间远程把逆变器停机，以免事故扩大，再通知附近的朋友切断光伏直流和交流连接，彻底消除安全隐患。

4.3.5 冬季南方比北方发电量高

我国太阳年辐射总量，从整体来说，西部地区高于东部地区，除西藏和新疆两个自治区外，基本上是南部低于北部，太阳能随着纬度的升高而增长。

太阳总辐射存在明显的季节变化。以甘肃为例，夏季太阳总辐射最强，达 1985.6MJ/m^2，平均太阳总辐射为冬季的一倍以上；次强为春季，达 1785.0MJ/m^2；秋季为 1251.5MJ/m^2，最弱的是冬季仅为 967.6MJ/m^2。

一般来说，如果安装太阳能，北方发电量要比南方高，特别是夏天，一个 10kW 电站，同样的组件河北要比广东每个月要多发 40kWh 电，但是，并不是一年四季北方都比南方发电量高，在 12—2 月之间，南方比北方发电量高。

出现这种情况，主要和气候有关，表 4-12 是北京、江西、广东 3 个地方 5kW 光伏电站 1 年实测光伏发电量的数据。

表 4-12　　不同纬度发电量对比

项目	1	2	3	4	5	6	7	8	9	10	11	12
北京	268	325	385	435	682	615	465	436	396	372	324	226
江西	284	428	485	572	526	467	590	650	560	550	332	290
广东	334	360	501	393	622	448	584	463	510	489	361	325

从表 4-12 可以看到，3 个地方都是夏季发电量最高，冬季最低，但是低纬度的广东年变化幅度小，高纬度的北京变化幅度大。纬度越高，春季和秋季变化速度越快。

产生这种现象的原因是北方纬度高的地区降水很少，多晴朗天气，大气对太阳辐射是反射和散射少，太阳辐射强。南方春夏降水丰富，特别是 6 月多雨天气，云层厚度大，云层对太阳辐射的反射和散射多，太阳辐射弱一些。所以夏季北方发电量高。而到了冬天，南方降雨量也不大，北方则是雾霾和雨雪天气增加，白天时长也比南方短，因此发电量比南方低。

表 4-13 为哈尔滨、北京、常州、温州、东莞、三亚 6 个地区的方阵总辐射量数据，光伏支架按最佳倾角正南方向安装。

表 4-13　　不同经度发电量对比

纬度	126.77	116.28	119.98	120.65	113.75	109.52
经度	45.75	39.93	31.88	28.03	23.02	18.23
月份	哈尔滨	北京	常州	温州	东莞	三亚
1	102.3	121.3	81.7	70.4	88.7	144.2
2	125.5	129.4	91.3	76.9	70.5	122.3
3	170.7	151.8	98.1	90.1	75.7	145
4	153.1	149.1	121.6	114.6	83.9	157.1
5	161.7	158.7	138.6	133.2	108.3	163.1
6	157.1	143.6	120.1	121.4	107.8	145.1
7	144.8	134.1	142.8	159.6	130.3	159.1
8	146.1	133.9	139.5	154.6	126.1	163.3
9	151.3	133.2	124.6	127.1	125.1	138.1
10	129.4	125.9	111.3	110.5	130.1	150.3
11	108.7	109.1	87.6	80.6	113.1	141.6
12	86.9	97.1	87.4	78.4	103.9	123.5

注　数据来源：坎德拉 PV；数值单位：kWh/m^2。

从表 4-13 可以看到，哈尔滨 3 月辐射量最好，12 月最低，相差 1.96 倍；三亚 5 月最高，12 月最低，相差 1.32 倍。

冬夏季发电量差异对系统设计的影响：

（1）对于分布式光伏并网项目，光伏发电和电网相连，这个差异对系统没有影响。

（2）对于光伏离网系统，组件设计基本满足光照最差季节的需要，但在高纬度地区，最差季节的光照度远远低于全年平均值，如果还按最差情况设计太阳能电池组件的功率，那么在一年中的其他时候发电量就会远远超过实际所需，造成浪费。这时可以考虑适当加大蓄电池的设计容量，增加电能储存，使蓄电池处于浅放电状态，弥补光照最差季节发电量的不足。另外，适当增加组件倾角，也可以增加冬季发电量。

（3）有的项目要求光伏系统尽量平滑输出，组件比逆变器超配很多，这些项目在低纬度地区比较容易实现，在高纬度地区，夏季发电量浪费比较多，冬季又不能实现平滑输出，要慎重考虑。

4.3.6　台风过后，光伏电站处理

（1）设计方面。抗击台风主要依赖牢固的支架。从支架结构建模、风压、荷载的计算、型材的屈服强度选型、连接件的拉伸强度能否有效连接，再到支架的表面处理等都需要合理优化设计和验算。支架总体分为 3 种：铝合金支架、镀锌钢材支架和不锈钢支架。从抗

风性而言，选择镀锌钢材最好。电站的抗风性主要有以下 3 个因素。

1）支架高度。支架越高，承受的风力就越大，抗风性就越差。

2）配重。系统的总质量要大于风力，但也不是水泥墩的质量越重越好，还是考虑屋面的载荷。

3）出风路线。要给台风留有通道，组件之间间隙越大，台风的出风口就越大，承受的风力就越小。

（2）施工方面。主要考虑各处的连接牢固，如水泥墩和支架的连接、支架和支架的连接、支架和组件的连接。根据结构力学原理，三角形是最稳定的，因此支架要多角度用三角形连接。

电站中组件是容易被吹走的，因此扣件很关键，从实际经验上看，使用中压块连接两块组件，虽然省事，但容易造成两边受力不均匀，从而影响抗风性，如果都使用侧压板，受力会好一些，中间留的空间也会大一些，抗风性也就好一些，但安装时可能要踩踏组件，容易引起组件隐裂。如果在组件背面加 U 形扣，既方便安装，又绝对安全，抗风性最好。

（3）运行维护方面。

1）检测所有的螺栓、扣件、压板是否牢固，螺栓和钢材是否生锈。如果由于条件限制，不得不选用较小固定墩，建议用沙袋增加电站配重。

2）检查电站的电线、逆变器、配电柜是否密封，是否能被风吹动。为了保证安全，台风来临之前，最好能关闭直流开关、交流开关，让逆变器停止运行。

4.3.7 下雨天光伏漏电保护器跳闸的原因

漏电保护器简称漏电开关，又叫漏电断路器，主要是用来在设备发生漏电故障时以及对有致命危险的人身触电进行保护，具有过载和短路保护功能，可用来保护线路或电动机的过载和短路，也可在正常情况下作为线路的不频繁转换启动之用。下雨空气潮湿容易漏电，漏电保护器有动作了，说明系统中的组件、电缆或者逆变器带电部件有绝缘损坏的地方。

造成漏电保护器跳闸的几个原因如下。

（1）直流部分绝缘阻抗过低：绝缘阻抗是检测光伏系统直流部分，包括组件和直流电缆，当逆变器检测到组件侧正极或负极对地绝缘阻抗过低，说明直流侧线缆或组件出现对地绝缘阻抗有异常的情况。绝缘阻抗低是光伏系统一个常见故障，组件、直流电缆、接头出现破损，绝缘层老化会产生绝缘阻抗低，直流电缆穿过桥架时，由于金属桥架边缘可能有倒刺，在穿线的过程中，就有可能把电缆的外层绝缘皮破坏，导致对地漏电。

（2）交流漏电流：漏电流又称方阵残余电流，其产生原因是光伏系统和大地之间存在寄生电容，当寄生电容-光伏系统-电网三者之间形成回路时，在无变压器的光伏系统中，回路阻抗相对较小，共模电压将在光伏系统和大地之间的寄生电容上形成较大的共模电流，即漏电流。

因为直流绝缘故障报警的阈值是30mA，漏电流故障的阈值是300mA，所以当直流部分发生绝缘层损坏时，会先报绝缘阻抗，逆变器停机，除非特别大的直流电缆破损，一般不会报漏电流故障，当逆变器出现漏电流故障时，一般检查逆变器和交流部分。

（3）漏电保护器安装不良：如果漏电保护器在安装时各接线柱未接牢固，时间一长，往往会导致接线柱发热、氧化，使电线绝缘层被烧焦，并伴有打火和橡胶、塑料燃烧的气味，造成线路欠压，使漏电保护器跳闸。

（4）漏电保护器本身质量问题：用户在购买漏电保护器时，应尽量到信誉好的定点厂家或商店购买，千万不要图一时便宜，向一些个体户购买“三无”漏电保护器，这样往往得不偿失。

（5）漏电保护器与光伏容量不匹配：光伏系统的输出电流超过漏电保护器的额定电流，造成漏电保护器跳闸。

（6）电网电压过高：由于三相不平衡或老鼠等小动物的捣乱，导致电源中性线断开，发生电压漂移，相电压可由220V变成380V，会使漏电保护器跳闸。

漏电保护器如果跳闸，检查时应遵循先简后繁的原则，首先察看安装是否良好，其次检查电源进线电压是否偏高和漏电保护器本身有无问题（卸掉出线送电），再有就是看漏电保护器容量是否足够，最后再查看是否负载、线路漏电或短路。应请专业人员用专业设备检查，如用万用表测量组件对地的电压，用绝缘电阻表逐串测量组件侧对地和交流输出线对地的绝缘电阻，阻抗需要大于逆变器绝缘阻抗的阈值要求。

4.3.8 光储系统散热处理

光储系统中，如何散热是最重要的问题，通过世界上著名调查BCC报告，目前大部分电子产品失效的55%的原因是散热做得不好，电子器件工作的可靠性对温度十分敏感，器件温度在70～80℃水平上每增加1℃，可靠性就会下降5%，温度过高将会使电子产品可靠性降低。

目前散热方式主要有三种：一是自然散热，二是强制风冷，三是强制液冷。光储系统中，组件、电缆、开关箱、小功率逆变器、小型电池箱等一般采用自然散热，中大功率逆变器、中小功率储能装置，散热系统一般采用强制风冷的方式，大型锂电池储能集装箱，有的厂家开始采用强制液冷的方式。

随着热设计技术和电子技术的向前发展，光储系统的安全性和寿命也取得了很大的进步，技术上主要通过降低系统损耗和提升散热效率两方面来实现。逆变器的体积因此可以做到越来越小，质量越来越轻。储能集装箱，单位面积容量也可以做到越来越大，整体价格也越来越便宜。

降低系统损耗方面：逆变器有多电平技术，功率器件两端的电压越高，内阻越高，开关频率越高，损耗就越大，近年来推出的三电平，五电平结构，电压只有两电平的 1/2 或 1/4，开关频率也可以减少到两电平的 1/2 或 1/4，因此多电平技术可以减少损耗。软开关技术，应用谐振原理，软开关通过检测功率器件的电流，当功率器件两端的电压或流过功率器件的电流为零时才导通或者关断，这样开关管开关损耗降到最低；利用碳化硅材料的 IGBT，内阻可以做得很低，从而减少损耗。

提升散热效率方面：热管冷却，利用的是热管内部的工质蒸发吸热对电子设备进行冷却，热管两端分别为冷凝段和蒸发段，中间是绝热段。液体在蒸发段通过工质蒸发气化来吸收电子器件产生的热量，产生的蒸汽在内部压力的作用下流向冷凝段被凝结为液体，然后液体依靠毛细力流到蒸发段，形成一个循环结构。相变储能冷却，利用相变材料在相变的时候需要很大的潜热，通过吸收电子设备产生的热量发生相变而自身温度不变化，将吸收的热量利用其他方式散去。

除了关注常见的系统级的散热设计外，光储系统还有一些设备的技术参数指标，表面看起来和温度无关，但实际上却是由温度决定的。

1．导线的载流量

导线的载流量就是导线能够承载的电流最大值，如一根 6mm^2 的电缆，能通过 70A 的电流，表面上载流量只和导线的材质、截面积以及安装环境有关系，但实际上，导线的载流量是由温度决定的，如果温度足够低，6mm^2 的超导体电缆也可以通过 700A，甚至 7000A 的电流。

由于电气线路本身具有电阻，通过电流时就会发热，产生的热量会通过电线的绝缘层散发到空气中去，导线越粗，电阻越小，同样的电流发热也就越小。如果电线发出去的热量恰好等于电流通过电线产生的热量，电线的温度就不再升高，这时的电流值就是该电线的安全载流量。限制导线的载流量过大，是为了防止绝缘层被破坏，影响导线寿命，或者防止导线过热烧断，影响设备运行，甚至起火烧坏设备。

2．空气开关的额定电流

在选用断路器时，只要能确保额定电流符合断路器额定电流的选用规则，断路器在使用时就不会有什么问题。断路器的额定电流主要与温度有关。

温度升高，会使金属材料的强度降低。开关电器会因为机械结构件的强度降低而严重影响到动稳定性和热稳定性，整体性能参数直线下降。因此，在国家标准中，无论对高压电器还是低压电器，温升都是型式试验的一项重要考核指标，GB 14048.1—2012《低压开关设备和控制设备　第 1 部分：总则》规定，开关电器的平均环境温度是 35℃，再加上 65℃的温升，导电排的最高使用温度为 35＋65＝100（℃）。断路器的额定电流其实是由导电排的温升来决定的，它的温升不得超过 GB 14048.1—2012 表 2 所规定的值。断路器的温升还与断路器的安装方式、开关柜的防护等级、环境温度以及海拔有关。若开关柜的防护等级过高，或者环境温度过高，或者安装处的海拔超过 2000m，则断路器需要降容使用，即降低它的额定电流。

3. 组件的发电量和温度

光伏组件的发电量和光照有关，一般说来，辐照度越高，输出功率就越高，每年 7—8 月的夏天是我国大部分地区辐照度最高的时候，但从统计的综合数据上看，发电量最高的月份并不是辐照度最高的 7—8 月，而是 5 月或者 10 月。

光伏组件是半导体材料，内部有电阻，会消耗一部分电能，和铜铝电缆材料一样，光伏组件的内阻也是随着温度的升高而增加，夏天红外线强，红外线热量会提高光伏组件的温度，降低发电量。所以虽然夏季是有强烈光照和增长的光照时间优势，但同样会对电站的发电量产生负面影响，如夏季气温高，空气湿度大，强降雨雷暴等恶劣天气相对频繁，这些因素都会影响光伏电站的发电量。

系统安装时在温度方面要注意：

组件和逆变器本身是一个发热源，所有的热量都要及时散发出来，不能放在一个封闭的空间，否则温度会越升越高，逆变器要放在一个空气流通的空间，要尽量避免阳光直射。多台逆变器装在一起时，为了避免相互影响，逆变器和逆变器之间要留有足够的距离。

保持通风和散热，不管是组件还是逆变器，配电箱都要保持通风，确保空气流通。对于屋顶光伏电站的组件，不要为了多发电量，而不合理地安排光伏电站组件的排布，造成组件和组件之间互相遮挡，同时影响散热通风，要保证光伏组件、逆变器、配电箱四周开阔，如有杂物堆积，及时清理。

4.4 储能电池种类与认证

4.4.1 锂电池外形种类及特点

目前市场上的锂电池按外壳材质可以划分为软包锂电池、铝壳锂电池和钢壳锂电池。

1. 软包锂电池优势

（1）安全性能好。由于软包锂电池采用的是铝塑膜包装，在存在安全隐患的情况下软包锂电池一般不会出现爆炸，只会出现鼓气或者裂开的情况。软包锂电池电芯如图 4-21 所示。

（2）质量轻巧。软包锂电池的质量约较铝壳电池轻 20%。

（3）电池容量大。软包锂电池与同等规格的铝壳电池比较，较铝壳电池的容量高

5%～10%。

图 4-21　软包锂电池电芯

（4）内阻小。目前软包锂电池的内阻已经做到最小达 5mΩ 以下，大大降低了电池的自耗电。

（5）循环性能好。软包锂电池的循环寿命更长，100 次循环衰减比铝壳少 4%～7%。

（6）设计较灵活。软包锂电池的形状可以根据客户的要求进行设计，满足不同客户的需求，可制成多种不同规则的软包锂电池，普通铝壳只能做到 4mm，软包可以做到 0.5mm。

（7）软包锂电池更适合便携式、对空间或厚度要求高的应用领域，例如 3C 消费类电子产品。

2. 铝壳锂电池优势

（1）电池铝壳具有较高的比强度、比模量、断裂韧性、疲劳强度和耐腐蚀稳定性。因为铝合金材料低密度的特点，非磁性、稳定的合金在低温阶段，比磁场阻力小，气密性好，它已广泛应用于航空、航天、高速列车、机械制造、运输和化学工业。

图 4-22　硬包铝壳锂电池电芯

（2）电池铝壳的表面处理重要是通过静电喷涂，其颜色也很丰富，一般有米白色、深灰色、黑色、军绿色。

（3）电池铝壳具有铝合金的优点，质量轻、成型耐用。硬包铝壳锂电池电芯如图 4-22 所示。

（4）电池铝壳塑性较强，生产性能优于其他型材，且具有良好的铸造性能，在生产上具有较好的优势。

（5）电池铝壳采用冷热两种工艺处理，使电池铝壳具有较强的耐腐蚀性。这使得镀铝电池更安全。

（6）铝外壳还具有良好的延展性，使其成为一种轻质合金。其化学性能稳定，无磁性，可回收利用，是一种良好的可回收金属材料。

3. 圆柱形锂电池优势

圆柱形锂电池已广泛使用，绝大部分厂商都以钢材作为电池外壳材质，其主要优势体现在：钢质材料的物理稳定性、抗压力远远高于铝壳材质，在各个厂家的设计结构优化后，安全装置已经放置在电池芯内部，钢壳柱式锂电池的安全性已经达到了一个新的高度，目前绝大部分的笔记本电脑电池的电芯均以钢壳作为载体。硬包圆柱形锂离子电芯如图4-23所示。

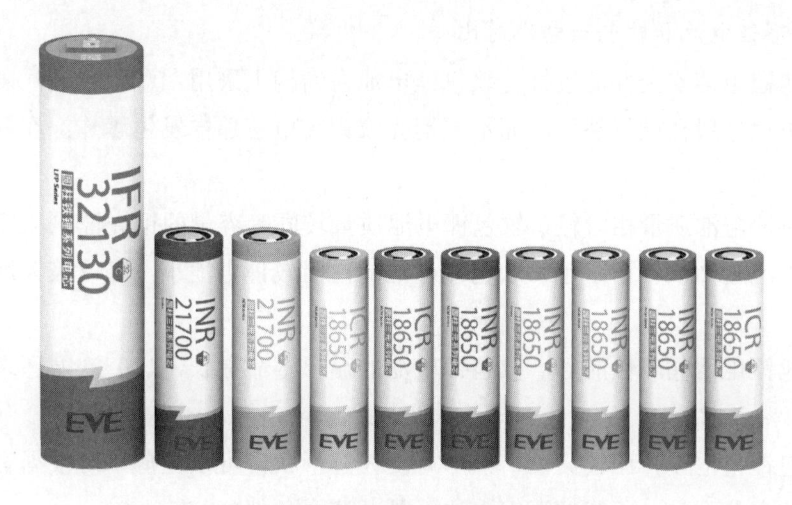

图4-23 硬包圆柱形锂离子电芯

圆柱形锂离子电芯通常用五位数字表示，从左边数起，第一、二位数字是指电池直径，第三、四位数字是指电池高度，第五位数字表示圆形。圆柱形锂电池有诸多型号，比较常见的有18650、21700、26650、32650等。

18650电池是一种直径为18mm、高度为65mm的锂电池，各方面系统质量稳定性较好，广泛适用于10kWh左右的电池容量场合，例如在手机、笔记本电脑等小型电器上。

4. 圆柱形锂电池和方形锂电池对比

（1）电池形状。方形锂电池尺寸大小可以任意设计，而圆柱形锂电池有标准尺寸，不能任意设计。

（2）倍率特性。圆柱形锂电池受焊接多极耳的工艺限制，倍率特性稍差于方形多极耳电池。

（3）放电平台。采用相同的正负极材料和电解液的锂电池，从理论上来讲，放电平台应该是一致，但方形锂电池内放电平台稍微高一点。

（4）产品质量。圆柱形锂电池的制造工艺较为成熟，极片有二次分切，缺陷概率低，且卷绕工艺的成熟度和自动化程度都比较高，工艺目前还是采用半手工方式，这对于电池质量有不利影响。

（5）极耳焊接。圆柱形锂电池极耳较方形锂电池更易焊接；方形锂电池易产生虚焊，影响电池质量。

（6）PACK 成组。圆柱形锂电池有更易用特点，所以 PACK 技术简单，散热效果好；方形锂电池 PACK 时要解决好散热的问题。

（7）结构特点。方形锂电池边角处化学活性较差，长期使用电池能量密度易衰减，续航时间较短。

5. 圆柱形锂电池和软包锂电池对比

（1）软包锂电池安全性能较好，软包锂电池在结构上采用铝塑膜包装，发生安全问题时，软包锂电池一般会鼓气裂开，而不像钢壳或铝壳电芯那样发生爆炸；在安全性能上优于圆柱形锂电池。

（2）软包锂电池质量相对轻，软包锂电池质量较同等容量的钢壳锂电池轻 40%，较圆柱形铝壳锂电池轻 20%；内阻小，软包锂电池的内阻较锂电池小，可以极大地降低电池的自耗电。

（3）软包锂电池循环性能好，软包锂电池的循环寿命更长，100 次循环衰减比圆柱形铝壳电池少 4%～7%。

（4）软包锂电池设计比较灵活，外形可变任意形状，可以更薄，可根据客户的需求定制，开发新的电芯型号；而圆柱形锂电池不具备这个条件。

（5）软包锂电池相比于圆柱形锂电池的不足之处为一致性较差，成本较高，容易发生漏液。成本高可通过规模化生产解决，漏液则可以通过提升铝塑膜质量来解决。

4.4.2 动力锂电池和储能锂电池

电动汽车的锂电池和储能电站的锂电池，都是用来储存电量的，从应用上来讲，都是储能的，因此可以说所有的锂电池都是储能锂电池，后来为了区分应用，按场景分为消费、动力和储能三种。消费类应用是在手机、笔记本电脑、数码相机等消费类产品，动力类应用在电动汽车上，储能类应用在储能电站上。

动力电池其实也是储能电池的一种，主要应用于电动汽车，由于受到汽车的体积和重量限制以及启动加速等要求，动力电池比普通的储能电池有更高的性能要求，如能量密度要尽量高，电池的充电速度要快，放电电流要大，但普通储能电池的要求没有这么高，动力电池的容量一般低于 80%就不能再用在新能源汽车了，但稍加改造，还可以用在储能系统中。

从应用场景来看，动力锂电池主要用于电动汽车、电动自行车以及其他电动工具领域，而储能锂电池主要用于调峰调频电力辅助服务、可再生能源并网和微电网等领域。

由于应用场景不同，电池的性能要求也有所不同。首先，动力锂电池作为移动电源，在安全的前提下对于体积（和质量）能量密度尽可能有高的要求，以达到更为持久的续航能力。同时，用户还希望电动汽车能够安全快充，因此动力锂电池对于能量密度和功率密度都有较高的要求，只是因为出于安全性考虑，目前普遍采用 1C 左右充放电能力的能量型电池。

绝大多数储能装置无需移动，因此储能锂电池对于能量密度并没有直接的要求。至于功率密度，不同的储能场景有不同的要求。

用于电力调峰、离网型光伏储能或用户侧的峰谷价差储能场景，一般需要储能电池连续充电或连续放电 2h 以上，因此适合采用充放电倍率小于或等于 0.5C 的容量型电池；对于电力调频或平滑可再生能源波动的储能场景，需要储能电池在秒级至分钟级的时间段快速充放电，所以适合大于或等于 2C 功率型电池的应用；而在一些同时需要承担调频和调峰的应用场景，能量型电池会更适合些，当然，这种场景下也可以将功率型与容量型电池配合在一起使用。

相对于动力锂电池而言，储能锂电池对于使用寿命有更高的要求。新能源汽车的寿命一般在 5～8 年，而储能项目的寿命一般都希望大于 10 年。动力锂电池的循环次数寿命在 1000～2000 次，而储能锂电池的循环次数寿命一般要求能够大于 5000 次。

在成本方面，动力锂电池面临和传统燃油动力源的竞争，储能锂电池则需要面对传统调峰调频技术的成本竞争。另外，储能电站的规模基本上都是兆瓦级别以上甚至百兆瓦的级别，因此储能锂电池的成本要求比动力锂电池的成本更低，安全性也要求更高。

4.4.3 动力锂电池与储能锂电池 BMS 电池管理系统

动力锂电池与储能锂电池 BMS 电池管理系统相差很大，主要差别是电池的功率响应速度和功率特性、SOC 估算精度、充放电特性等。

储能锂电池管理系统，与动力电池管理系统非常类似。但动力电池管理系统处于高速运动的电动汽车上，对电池的功率响应速度和功率特性、SOC 估算精度、状态参数计算数量，都有更高的要求。

1. 电池及其管理系统在各自系统中的位置有所不同

在储能系统中，储能电池在高压上只与储能变流器发生交互，变流器从交流电网取电，给电池组充电；或者电池组给变流器供电，电能通过变流器转换成交流发送到交流电网上去。

储能系统的通信，电池管理系统主要与变流器和储能电站调度系统有信息交互关系。一方面，电池管理系统给变流器发送重要状态信息，确定高压电力交互情况；另一方面，电池管理系统给储能电站的调度系统发送最全面的监测信息。

电动汽车的BMS，在高压上，与电动机和充电机都有能量交换关系；在通信方面，与充电机在充电过程中有信息交互，在全部应用过程中，与整车控制器有最为详尽的信息交互。

2. 硬件逻辑结构不同

储能管理系统，硬件一般采用两层或者三层的模式，规模比较大的倾向于三层管理系统。

动力电池管理系统，只有一层集中式或者两分布式，基本不会出现三层的情况。小型车主要应用一层集中式电池管理系统。

从功能看，储能电池管理系统第一层和第二层模块基本等同于动力电池的第一层采集模块和第二层主控模块。储能电池管理系统的第三层，则是在此基础上增加的一层，用以应对储能电池巨大的规模。

3. 通信协议有区别

储能电池管理系统与内部的通信基本都采用CAN协议，但其与外部通信，外部主要指储能电站调度系统，往往采用互联网协议格式TCP/IP协议。

动力电池，所在的电动汽车大环境都采用CAN协议，只是按照电池包内部组件之间使用内部CAN，电池包与整车之间使用整车CAN做区分。

4. 储能电站采用的电芯种类不同，则管理系统参数区别较大

储能电站出于安全性及经济性考虑，选择锂电池的时候，往往选用磷酸铁锂，有的储能电站使用铅酸电池、铅碳电池。而电动汽车目前的主流电池类型是磷酸铁锂电池和三元锂电池。

电池类型的不同，其外部特性区别巨大，电池模型完全不可以通用。而电池管理系统与电芯参数必须是一一对应的关系。不同厂家出品的同一种类型的电芯，其详细参数设置也不会相同。

5. 阈值设置倾向不同

储能电站，空间比较富裕，可以容纳较多的电池，但某些电站地处偏远，运输不便，电池的大规模更换，是比较困难的事情。储能电站对电芯的期望是寿命长，不要出故障。基于此，其工作电流上限值会设置得比较低，不让电芯满负荷工作。对于电芯的能量特性和功率特性要求都不需要特别高。主要看性价比。

动力电池则不同，在车辆有限的空间内，好不容易装下的电池，希望把它的能力发挥到极致。因此，系统参数都会参照电池的极限参数，这样的应用条件对电池是恶劣的。

6. 要求计算的状态参数数量不同

SOC是两者都需要计算的状态参数。但至今，储能系统并没有一个统一要求，储能电池的应用环境，空间相对充裕，环境稳定，小偏差在大系统里不易被人感知。因此，储能电池管理系统的计算能力要求相对低于动力电池管理系统，相应地单串电池管理成本也没有动力电池高。

7. 储能电池管理系统应用被动均衡条件比较好

储能电站对管理系统均衡能力的要求非常迫切。储能电池模组的规模比较大，多串电池串联，较大的单体电压差将造成整个箱体的容量下降，串联电池越多，其损失的容量越多。从经济效率角度考虑，储能电站很需要充分的均衡。

在充裕的空间和良好的散热条件下，被动均衡能够更好地发挥效力，采用比较大的均衡电流，也不必担心温升过高问题。

4.4.4 锂电池海运认证

不同于组件和逆变器，储能蓄电池在某种程度上来讲属于危险品，在产品出口和海运方面有一些特殊的要求，选择产品前，要先确认有没有出品认证和海运认证。

（1）锂电池 UN38.3。适合范围几乎涉及全球，属于安全和性能测试，联合国针对危险品运输专门制定的《联合国危险物品运输试验和标准手册》的第 3 部分 38.3 款，即要求锂电池运输前，必须要通过高度模拟、高低温循环、振动试验、冲击试验、55℃外短路、撞击试验、过充电试验、强制放电试验，才能保证锂电池运输安全。如果锂电池与设备没有安装在一起，并且每个包装件内装有超过 24 个电池芯或 12 个电池，则还须通过 1.2m 自由跌落试验。

（2）电池安全数据表（Safety Data Sheet，SDS）。危险化学品生产或销售企业按法规要求向客户提供的一份关于化学品组分信息、理化参数、燃爆性能，毒性、环境危害，以及安全使用方式、存储条件、泄漏应急处理、运输法规要求等 16 项内容信息的综合性说明文件，也是欧盟 REACH 法规强制要求的信息传递载体之一。

（3）航空/海运运输鉴定报告。从中国（香港地区除外）始发的相关带电池的产品，最终航空运输鉴别报告一定要由中国民用航空局直接授权认可的危险品鉴定机构进行审核发证。

提示：以上三类测试与认证属于运输过程中必做选项，作为成品的卖家可向供应商索取相关电池 UN38.3 及 MSDS 的报告，并根据自己的产品申请相关的鉴定证书。

4.4.5 锂电池出口产品认证

（1）欧盟地区欧盟电池指令。带电池的产品进入欧洲，须满足欧盟的电池指令要求；而对于电子电气设备中的电池，则应该满足报废的电子电气设备回收（WEEE）指令中的回收要求以及环保认证电气、电子设备中限制使用某些有害物质 RoHS 指令的有害物质限量要求。此外，还需满足欧盟规章 REACH《化学品注册、评估、许可和限制》有害化学品等方面的规定。对于电池的性能安全，则没有强制性的法规要求，主要参照欧盟有关电池的性能及安全标准要求。现在亚马逊德国站要求产品必须有做 WEEE 才能上架。

（2）北美地区 UL 标准认证。适合范围为北美地区，主要为安全测试，认证周期通常为 2 个月左右的时间（铅酸蓄电池稍微短一些）。UL 是美国相关标准的起草机构，如果消费者购买带有 UL 标志的产品后因产品质量问题而出现不良后果，消费者可以投诉销售商，而销售商很容易可以得到保险公司的赔偿，通过 UL 的产品在北美很容易销售很大程度是这个原因。当然 UL 并不是唯一的认证机构，可以找有相关国家认可实验室（Nationally Recognized Testing Laboratory，NRTL）如 ETL、TUV 等，都是可以出具相关 UL 标准的证书。

（3）其他地区。

1）中国：中国强制性产品认证（China Compulsory Certification，CCC）目前还未对电池单体进行强制性认证，但是对于带有电池的产品都会要求电池有相关的中国自愿性产品认证（CQC）非强制认证的相关测试内容；

2）日本：电池需要符合日本强制性安全认证（PSE）认证；

3）韩国相关电池需要通过韩国强制性安全认证（KC）认证。

4.4.6 锂电池包装及运输

（1）外包装均须贴 9 类危险品标签，标注 UN 编号。

（2）其设计可保证在正常运输条件下防止爆裂，并配置有防止外部短路的有效措施以及保护裸露的电极。

（3）坚固的外包装，电池应被保护以防止短路，在同一包装内须预防与可引发短路的导电物质接触。

（4）电池安装在设备中运输的额外要求。设备应进行固定，以防止在包装内移动，包装方式应防止在运输途中意外启动。外包装应能够防水或通过使用内衬（如塑料袋）达到防水，除非设备本身的构造特点已经具备防水特性。

（5）蓄电池应使用托盘装载，避免搬运过程受到强烈振动，托盘的各垂直和水平边使用护角保护。

（6）蓄电池装载集装箱内须进行加固，加固方式和强度应符合进口国的要求（如：美国境内有美国铁路协会、美国危险品协会、北美爆炸物管理局、联邦汽车运输安全管理局、美国海岸防卫队、美国运输 9 类危险品集装箱美式加固法部和《海上危险品运输规则》有相关规定），若因发货人疏忽加固或加固不当，在目的港将被扣箱，并发生码头的操作费、堆存费、移箱费、重新加固等高额的费用。出口北美地区需在集装箱四周规定位置粘贴 9 类危险品标签。

第 5 章　光储微电网系统的案例设计与分析

光储微电网系统主要包括分布式光伏发电系统、电池储能系统以及相关的配电、能量管理系统等。其中，有电网支撑时，光伏储能系统作为微电网内的主要供电微电源，负荷用电主要来自光伏发电，储能系统则可以平滑光伏发电波动，提高微电源的电网接入友好性；电网停电时，光储微电网则启动应急备用供电功能，由储能变流器建立微电网母线支撑，光伏发电系统可为微电网内的负荷提供持续的能量供应。

光储微电网形式多种多样，要根据用户的用电需求进行设计，按照用户的功率大小和使用场景，大致可以分为户用光伏储能（简称光储）系统、工商业光储系统、集中式多能源互补大型微电网系统等。

5.1　户用光储系统

户用储能又可以称为家庭储能，通过分布式光伏和家庭储能相结合。在居民家中，通过太阳能等新能源发电设备为家庭供电，同时对电量进行管理，将多余电量进行储存，并供给电网。分类上可包括并网家庭光储系统和离网家庭光储系统。并网家庭光储系统可由电网对家庭负荷供电或家庭光储系统对电网输电，离网家庭储能系统则与电网无电气连接，适用于孤岛等偏远无电网地区。

离网型户储能有实际需求，但对价格敏感，增长不快；并网型户用储能，可以提高自发自用电的效率和降低经济成本。

发展家庭储能的主要国家有美国、德国、澳大利亚等。由于电价的不断上涨，海外国家对自发自用的可再生能源和储能的需求正在激增。其中，欧洲市场发展较为迅速。其原因之一是由于俄乌战争导致的，欧洲地区能源紧缺，急需发展清洁能源保障能源供应。

5.1.1　户用光储系统设计思路

最近欧洲不少国家的电价已经较去年上涨数倍，欧洲多数国家电价经汇率折算，已经超过 2 元/kWh（人民币），法国、德国、比利时、荷兰等国家电价超过 2.5 元/kWh（人民币），意大利的电价更是高达 3.16 元/kWh（人民币）。欧洲居民电价的上升，促使安装建设光储系统变得火热。

户用光储系统包括光伏组件、储能电池、储能逆变器、并网及计量设备、公共电网、家庭负载及重要负载等。在设计时，需要考虑经济性以及实用性。首先要确定安装多大容量，光储系统成本较高，前期需要和业主沟通的问题有初期投入资金、屋顶可安装光伏的面积、家庭用电设备功率、各时段的用电情况度数、电费开支等，根据这些情况确定用户的装机容量。

光伏户用储能系统主要有四种运行方式：一是白天光伏发电时先储存起来，到晚上用户需要时再放出来；二是可以电价谷段充电，峰段放电，利用峰谷差价；三是如果不能上网卖电，可以安装防逆流系统，当光伏功率大于负载功率时，可以把多余的电能储能起来，避免浪费；四是当电网停电时，光伏还可以继续发电，逆变器切换为离网工作模式，系统作为备用电源继续工作，光伏和蓄电池可以通过逆变器给负载供电。户用光储系统原理图如图 5-1 所示。

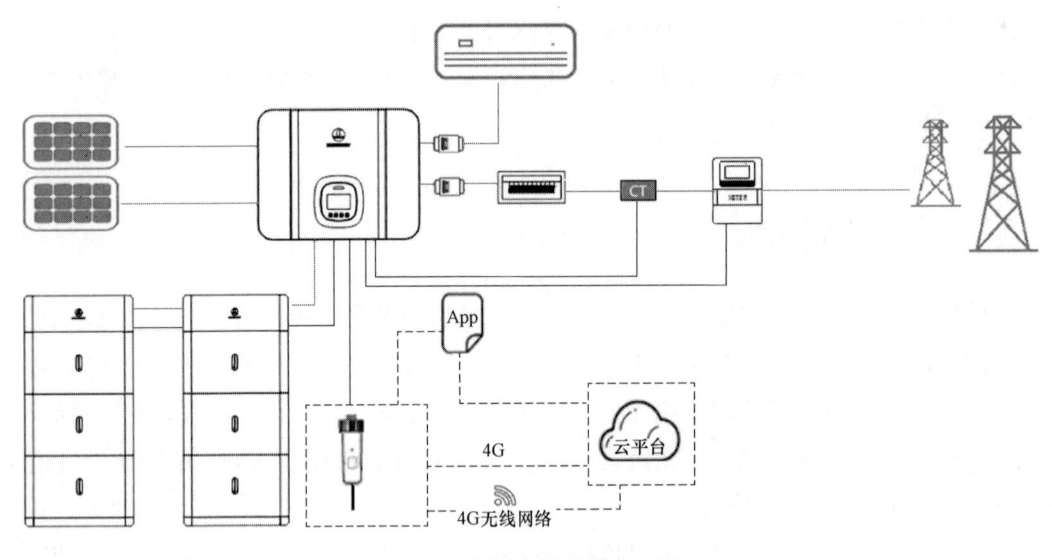

图 5-1　户用光储系统原理图

1. 客户的用电需求和光照情况

法国某用户，主要用电设备是空调、冰箱、电视、厨房设备、照明等，负载总功率为 10kW，每天用电量约为 40kWh，其中白天约 10kWh，晚上 30kWh。当地用电价格约为 3.16 元/kWh，电网是单相 220V，屋顶可安装太阳能组件的面积约为 60m^2，业主愿意前期投资 2 万欧元以内安装光储系统，当地光照条件年平均约为 1500h，平均每天 4.1h。

根据客户情况，按照屋顶面积 60m^2，可以安装 12kW 左右的组件，按用电量 40kWh，平均每天 4.1h 日照时间，需要安装 10kW 组件，2 万欧元，按地的安装价格，可以安装 8kW/

20kWh 光储系统，客户的负载总功率为 10kW，但光储系统直接和电网相连，由电网给负载供电，所以不用考虑负载和逆变器的功率匹配。综合各种条件，设计 8kW/20kWh 的光储系统。

2. 系统方案选型设计

根据项目的要求，设计采用兴储世纪户用储能系统单相 Panda 系列，型号为 Panda 6000S-20HP 的光储系统。其包括光储一体机、锂电池系统、BMS 等，为客户提供一整套解决方案。

3. 系统各部件主要技术参数

（1）储能逆变器型号：Venus 6000-S1，输入最大光伏功率为 9000W，最大电流为 13A，MPPT 电压范围为 100～550V，额定电压为 360V，输出功率为 6kW。

（2）储能电池型号：Limestone 20H-P，电池容量为 20.48kWh，采用 4 个电池包并联，电压为 51.2V。

（3）组件型号：ZPM 450MH3-72，开路电压为 49.48V，峰值功率电压为 40.94V，峰值功率电流为 11A。

4. 电气方案设计

18 块组件采用 9 块组件串联 2 路并网的方式接入逆变器中，开路电压是 445.32V，工作电压是 368.46V，低于最高电压 550V，工作电压在 MPPT 电压范围内，而且工作电压接近额定电压，组件电流为 11A，低于逆变器最大电流为 13A，系统方案效率高、安全。蓄电池组、负载、电网分别接入相应的断路开关中。

户用光储系统接线图如图 5-2 所示，系统配置见表 5-1。

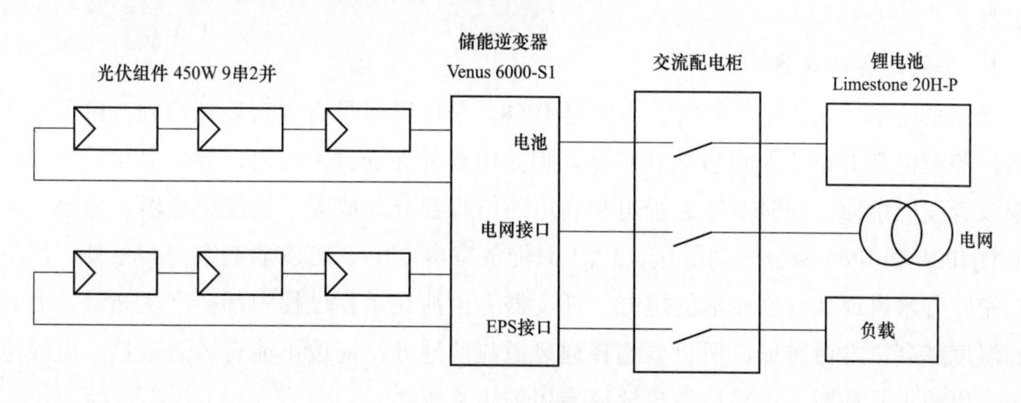

图 5-2　户用光储系统接线图

5.1.2　户用光储系统安装与调试

光储系统的技术含量较高，不仅设计需要专业的人员，安装和调试也需要专业的人员，影响系统的安全、寿命、发电量等，在运行之前，要提前准备好工具，选择合适的地方安装，通电之前检查和测量一下电路，通电后设置好运行参数。

表 5-1　　系 统 配 置

序号	名称	型号	规格	数量
1	组件	单晶硅	450W	18 块
2	支架	根据具体情况而定		
3	储能逆变器	Venus 6000-S1	220V/6kW	1 台
4	直流电缆	光伏电缆	4mm，1000V	
5	交流电缆	交流电缆	4mm，500V	
6	交流开关	微型断路器	32A 500V	1 台
7	交流配电柜	选配		1 台
8	电能表	选配		

1. 安装前准备工作

设备所有操作必须由专业、合格的电气技术人员进行，技术人员需熟知项目所在地相关标准及安全规范。熟悉整个光伏并网发电系统的构成、工作原理，以及项目所在国家/地区的相关标准。

进行操作时，需使用绝缘工具，佩戴个人防护用品，确保人身安全。常用的安装工具有万用表、电流表（直流和交流）、剥线钳、剪线钳、压线钳、螺丝批、试电笔、电钻等专业工具。

2. 安装设备和接线

光储系统中，光伏组件的防护等级是 IP68，是可以而且必须安装在户外；电缆及接头的防护等级也是 IP68，是可以放在户外，但是电缆外壳受日晒雨淋，容易老化，建议放入桥架或者线槽里面，同时要注意强电和弱电的电缆要分开放置。储能逆变器、电池、控制柜，有 IP21 和 IP65 两种防护等级，IP21 只能放室内，IP65 可以放在室内和室外，但不能放在空旷有水淋或者有水浸泡的地方。逆变器和电池在运行过程中都会产生热量，而且设备的温度越高，寿命越低，所以要选择通风散热的地方，周边不能有风道遮挡。电线电缆要用专用的工具截断，电缆接头也要用专用的工具压接。

3. 测量和通电

先清理安装环境，检查一下逆变器、储能电池、开关柜有无施工遗留物，设备安装是否牢固。保护地线、直流输入线、交流输出线、通信线、电池功率线连接正确且牢固。线缆绑扎符合走线要求、分布合理、无破损，扎线带要均匀，且剪断处不留尖角。未使用的过线孔确保已安装防水盖，已使用的过线孔确保已密封处理。

在通电之前，需用万用表直流电压挡测量光伏组件直流电压是否在允许范围内、电池电压是否在允许范围内、极性是否正确，用交流电压挡测量交流电压是否在允许范围内。

4. 调试参数

储能系统中，能量输出侧有两种，光伏发电和市电，负载是能量消耗，蓄电池既可以吸收电能，也可以释放电量给负载使用，因此在储能系统中，负载用电的来源有市电、电池、光伏三种；蓄电池充电模式也有三种：市电充电、光伏充电、市电和光伏充电。因为光储系统的应用场景和要求相差很大，所以要根据用户的实际需求选择不同的模式，尽可能满足客户的要求。

（1）自发自用模式。将光伏多余的发电量存储在电池中，在光伏发电不足或夜间无光伏发电时，电池放电供负载用电，提高光伏系统的自发自用率和家庭能源自给自足率，节省电费支出。适用于电价高，太阳能发电上网电价补贴较少或无补贴的地区。

1）白天：当光伏系统中产生的电量充足时，光伏系统中产生的电量优先给家庭负载供电，多余的电量给电池充电，剩余的电量出售给电网。当光伏系统中产生的电量不足时，优先使用电池电量供负载使用，如电池电量不足，则由电网给负载供电。

2）夜间：如果电池电量充足，由电池为负载供电；如果电池电量不足，则由电网给负载供电。

（2）经济模式。波峰、波谷电价相差较大的场景中使用经济模式，通过远程设置充放电时间段，在夜间低电价时段设置为充电时间段，系统在该时段以设定的充电电流给储能充电，在高电价时段设为放电时间段，电池只有在放电时间段才能放电，节约家庭用电成本。

5. 安装监控

数据采集器有GPRS、Wi-Fi两种，通过RS232接口和逆变器相连，Wi-Fi需要和无线路由器连接，不需要任何费用；如果安装地没有网络，可以用GPRS采集器，客户可根据情况选择。再下载好手机App监控软件，在手机App上可以查看每一个电站每一天的发电曲线、每一天的发电量、每个月的发电量，也可以查看当天每一台机的运行参数，如PV功率、电压、电流、输出每一相的功率，以及储能电池的电压、电流、温度等，方便问题查找。

光储系统出现故障时，先查看出故障逆变器的报警信息，再根据信息找到相应的故障处理方法，很多问题都可以远程解决。

5.1.3 户用储能系统投资分析

用户侧光伏储能当前发展较快，在能源价格上涨、电池成本下降和循环次数提升的背景下，户储逐步具备经济性。相较而言，分布式电源＋储能的模式能够满足用户自给自足的需求，储能电池在光伏发电较多时充电，在弱光或夜间放电，并网模式下，电网还可提供用电辅助，并消纳部分多余电能，兼具经济性和安全性。

多种原因导致的欧洲能源危机，包括德国、法国、意大利等在内的欧洲各国2022年电力批发价格不断上涨，且海外多为市场化电价，峰谷价差拉大，居民及工商业采用集中供电的成本愈加高昂；另外，海外电网调峰能力较弱，系统老旧电路老化、高峰期供电需求大、不同地区间电网分布不均衡，近年来在极端天气下海外各种大型停电事件频发。欧洲电价频频上涨，出于对电力价格及电力稳定供应的担忧，欧洲民众纷纷开始“自救”。安装户用储能系统，可以保障电力的稳定供应。

1. 欧洲户用光储投资分析

根据欧洲人的用电习惯，分析如下。

（1）假设居民日均用电20kWh，居民电价为0.35～0.5欧元/kWh，欧洲主流FIT上网电价为0.0372欧元/kWh。

（2）户用光伏（5kW）造价，国内约2万元人民币，但欧洲由于人工成本高，加上运费、经销商等费用，总体造价为5000～6000欧元，使用年限为25年，平均每年可以发6000kWh电，没有安装储能时自用率约为20%。

（3）假设户用储能功率为15kWh，国内户用储能系统约2500元/kWh，欧洲价格较高，在500～600欧元/kWh，这样，光储系统造价平均约为13500欧元，电池系统使用年限为10年，安装储能设备后居民自用率为90%，还可以利用峰谷价差，市电低价时充电，高价时放电给负载用。

2. 测算结果

（1）居民未配备光伏、储能设备，所有用电均按照标准电费缴纳，年均电费支出2920欧元，10年期电费支出约29200欧元。

（2）居民安装光伏，没有配置储能，白天自用20%，剩余80%按照FIT政策卖给电网公司，经综合计算，每年的电费收入有680欧元，约9年收回成本。

（3）居民安装光储系统，自用比例达到90%，经综合计算，每年的电费收入约为2180欧元，投资回收期为6～7年，具备良好经济性。当电价上升到0.5欧元/kWh时，4年左右即可收回成本，随着储能系统成本的降低，投资回收年限也将明显降低。

3. 结论

欧洲电价飙升给户用光储带来机会，户用光储持续保持良好的经济性，在居民电价0.25欧元/kWh的水平下，户储投资已经具备经济性；当居民电价达到0.36欧元/kWh以上时，户储投资内部收益率（Internal Rate of Return，IRR）已经达到15%以上，具备较高收益。

欧洲的优先择序电价机制，导致供应短缺的天然气价格上涨带动电价持续走高，尽管欧盟或将采取电力机制改革，但从目前欧洲居民签订的长期协议电价及购电协议（Power Purchase Agreement，PPA）电价来看，价格也难以回落至 20 年之前水平，欧洲户用储能经济性还将持续一段时间。

5.1.4 10kW 户用储能系统典型设计

光伏户用储能系统主要有四种运行方式：一是白天光伏发电时先储存起来，到晚上用户需要时再放出来；二是可以电价谷段充电，峰段放电，利用峰谷差价；三是如果不能上网卖电，可以安装防逆流系统，当光伏功率大于负载功率时，可以把多余的电能储能起来，避免浪费；四是当电网停电时，光伏还可以继续发电，逆变器切换为离网工作模式，系统作为备用电源继续工作，光伏和蓄电池可以通过逆变器给负载供电。

1. 户用储能系统技术路线对比

户及储能系统包括太阳能组件、控制器、逆变器、蓄电池、负载等设备，技术路线很多，按照能量汇集的方式，目前主要有直流耦合“DC Coupling”和交流耦合“AC Coupling”两种拓扑结构。

（1）直流耦合：光伏组件发出来的直流电，通过控制器，存储到蓄电池组中，电网也可以通过双向 DC-AC 变流器向蓄电池充电。能量的汇集点是在直流蓄电池端。

（2）交流耦合：光伏组件发出来的直流电，通过逆变器变为交流电，直接给负载或者送入电网上，电网也可以通过双向 DC-AC 双向变流器向蓄电池充电。能量的汇集点是在交流端。

直流耦合和交流耦合都是目前成熟的方案，各有其优缺点，根据不同的应用场合，选择最合适的方案。从成本上看，直流耦合方案比交流耦合方案的成本要低一点。如在一个已经安装好的光伏系统中，需要加装储能系统，用交流耦合就比较好，只要加装蓄电池和双向变流器就可以了，不影响原来的光伏系统，而且储能系统的设计原则上和光伏系统没有直接关系，可以根据需求来定。如果是一个新装的并离网系统，光伏、蓄电池、逆变器都要根据用户的负载功率和用电量来设计，用直流耦合系统就比较适合。从光伏的利用效率上看，两种方案各有特点，如果用户白天负载比较多，晚上比较少，用交流耦合就比较好，光伏组件通过并网逆变器直接给负载供电，效率可以达到 96%以上。如果用户白天负载比较少，晚上比较多，白天光伏发电需要储存起来晚上再用，用直流耦合就比较好，光伏组件通过控制器把电储存到蓄电池，效率可以达到 95%以上。

2. 系统方案设计

（1）客户的用电需求和光照情况。客户是巴基斯坦一家别墅用户，主要用电设备是空调、冰箱、电视、厨房设备、照明等，负载总功率为 6kW，每天用电量约为 30kWh，其中白天约为 20kWh，晚上 10kWh。巴基斯坦这个项目安装地光照条件较好，年有效利用小时数为 1200h，平均每天峰值日照为 4.2h，比较适合安装光伏。

（2）设备选型。户用储能有直流耦合和交流耦合两种方案，根据用户的特点，光伏自用比例较大，系统是新安装的，因此选择直流耦合，带电池储能的集成系统。根据用户的负载功率，逆变器设计采用 1 台控制逆变一体机，输出功率是三相 10kW。

组件功率要根据用户每天的用电量来确认。用户每天平均的用电量为 30kWh，当地每天峰值日照为 4.2h，并离网系统的效率约为 0.85，因此设计采用 540W 单晶组件 18 块，容量为 9.72kW，每天能发 40kWh 电，除去损耗给到用户大约为 32kWh，基本能满足客户需要。逆变器有两路组串，最多支持 13kW 组件接入，还有 30%的扩容空间。

蓄电池容量根据用户无光照时的用电量来确定，白天光伏发电可以不经过蓄电池直接给负载使用，用户每天晚上用电量为 10kWh，设计采用 2 节 2.56kWh 电的锂电池，总电量为 10.24kWh。

（3）电气方案设计。组件是 18 块，采用 9 串 2 并的方式，接入逆变器，蓄电池组、负载、电网分别接入相应的断路开关中。10kW 户用储能系统接线图如图 5-3 所示。

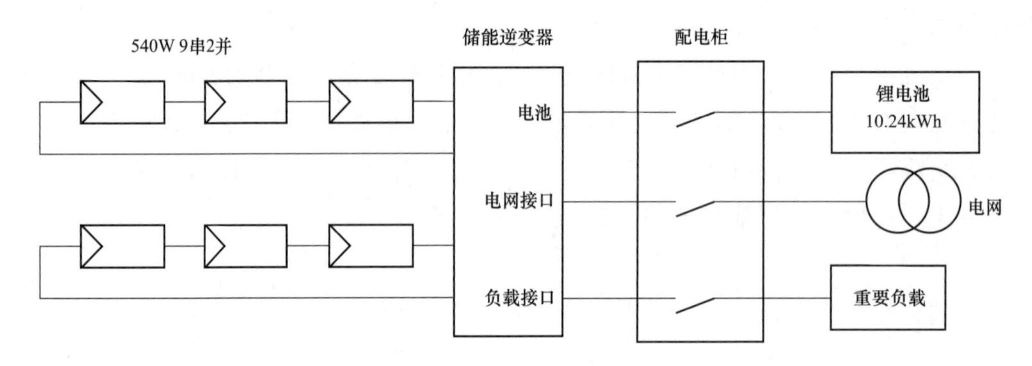

图 5-3　10kW 户用储能系统接线图

（4）电气功能调试。为了适应不同场合，并离网储能逆变器设计了很多功能，在应用前，要根据用户的实际要求去设置。先选择是并网模式还是离网模式，如果是并网模式，再选择蓄电池的充电模式，是光伏优先还是市电优先，还是市电只是旁路，不充电；上网模式可以选择光伏发电自发自用、余量存储和光伏发电自发自用、余量上网等；峰谷价差较大的地方还可以选择削峰填谷功能。

5.2　工商业储能系统

工商业储能系统包括 BMS、EMS、PCS、变压器、机架，连接线缆、汇流柜、防雷及接地系统、监控及报警系统等，系统均可以模块化设计，系统电压、容量灵活配置。工商业储能多数为一体化建造，采用一体机柜。随着大工业用户的增多，工商业储能配备容量可以达到兆瓦级以上，系统配置与储能电站基本一致。

工商业储能的盈利模式是峰谷套利，即在用电低谷时利用低电价充电，在用电高峰时放电供给工商业用户，用户可以节约用电成本，同时避免了拉闸限电的风险。伴随着分时电价的完善，峰谷电价差拉大，工商业储能的经济性明显提升。目前国内工商业储能的运营主要有两种商业模式。一种是由工商业用户自行安装储能设备，可以直接减少用电成本，但是用户需要承担初始投资成本及每年的设备维护成本；另一种是由能源服务企业协助用户安装储能，能源服务企业投资建设储能资产并负责运行维护，工商业用户向能源服务企业支付用电成本。同时，用户侧储能实现多场景扩张，出现充换电站、数据中心、5G基站、港口岸电、换电重卡等众多应用场景。对于商业楼宇、医院、学校等不适用于安装大规模光伏自发电的场景，则通过安装储能系统达到削峰填谷、降低容量电价的目的。

光伏工商业储能设备的经济性来源于电力自发自用和节省容量电价。目前，能量型储能设备的放电时长要求一般为1～2h。由于工商业生产时段高峰期和光伏发电出力高峰期基本重合，工商业储能备电时长从2h逐渐提升到2025年3h。按照当期储能配比5%，远期20%的配比率进行估算，得到全球2025年新增的工商业光伏配套储能装机容量为29.7GWh。存量光伏工商业中，假设储能渗透率逐渐提升，得到全球2025年存量的工商业光伏配套储能装机容量为12.29GWh。此外，部分工商业未安装屋顶光伏，可以通过安装储能实现峰谷价差套利收益，这部分市场容量预计2025年达到55.2GWh，未来发展前景广阔。

5.2.1 中型光储微电网系统典型设计

由于各个国家经济发展水平的差异，在一些欠发达国家和地区，如非洲和东南亚等地区的偏远山区和海岛，远离大电网，还没有解决基本用电问题，无法享受现代文明带来的便利。人们为了取得电能，提供日常生活便利，常用燃油发电机来提供电源，近年来光伏和储能的成本逐年下降，而燃油价格趋于上涨，光伏离网发电系统也开始进入人们的视野，实践证明，光伏离网发电系统和燃油发电机组构成的微电网发电系统，具有更好的经济性。

国际光储微电网项目特点：随着社会进步，各个国家对贫困人口解决用电需求的重视，很多国家开始由政府主导，建立光储微电网电站，解决用电问题，因此国际光储微电网项目较多，价格和回款通常也通常较好。但是，难点也较多，一是安装地点经常比较偏僻，交通不方便，对产品的运输和维护有一定的困难；二是当地的技术人员较少，需要加以培训；三是客户的用电设备情况复杂，对产品的可靠性要求很高。

下面是兴储世纪公司在巴基斯坦的一个中型微电网储能设计过程。

1. 用户需求

项目位于巴基斯坦一个山区小村庄，供电半径约为300m，一个村按100户计算，户用单相240V/50Hz，每户最大负荷需求为1kW，尖峰负荷为1.2kW，每天用电量为3kWh；公共设备为415V/50Hz，负荷为10kW，尖峰负荷为20kW，每天电量需求为30kWh，当地的平均日照时间为4.2h，白天用电占30%，晚上用电70%。

2. 需求分析

户用负载总功率为100kW，尖峰为120kVA，判断基本上是阻性负载，公共设备为10kW，尖峰负荷为20kVA，判断有一部分是感性负载，考虑到负载不可能同时开启，系统最大尖峰负载在120kVA，每天用电量约为330kWh。

3. 系统设计

微电网逆变器的功率要根据用户的负载类型和功率来确认，系统最大尖峰负载在120kW，考虑到以后面用户的增长，逆变器采用MPS150光储一体机，输出功率为165kVA/150kW，可满足客户20%增长的需求。

组件功率要根据用户每天的用电量来确认，每天用电量约为330kWh，当地的平均日照时间为4.2h，考虑系统损耗，设计采用540W的单晶组件190片，系统总容量为102.6kW，系统效率约为0.8，平均每天能发102.6×4.2×0.8，约345kWh电，基本上满足现阶段用电需求，储能逆变器光伏输入端采用2个50kW充电模块，最大支持3个充电模块150kW光伏组件，可以支持后续客户增长50%的用电需求。

蓄电池容量根据用户无光照时的用电量来确定，因为白天光伏发电可以不经过蓄电池直接给负载使用，客户晚上平均用电量约为230kWh，考虑到系统的安全性，以及阴雨天不发电等特殊天气，蓄电池采用300kWh的磷酸铁锂电池。

4. 电气方案设计

540W单晶组件，开路电压为49.5V，工作电压为41V，工作电流为13A，储能逆变器为MPS150，光伏输入端最高电压为1000V，工作电压范围是200～850V，锂电池额定电压为730V，电压范围为570～820V。组件采用19串10并的方式，组串工作电压为779V，接近锂电池是额定电压，逆变器效率较高，采用两台5进1出的汇流箱，接入储能逆变器。光储微电网项目电气原理图如图5-4所示。

5. 系统设计特点

采用工频离网逆变控制一体机，运行可靠，接线简单，带感性负载能力强。和燃油发电机组成油光互补光伏离网系统，在连续阴雨天的时候启动燃油发电机，可以减少蓄电池配置，降低初始投资，逆变器具备100%不平衡带载能力，方便带动单相负载。监控每一个组串的电压、电流、绝缘电阻，以及储能电池的电压、电流、温度、剩余电量，随时可以查看系统运行情况，减少故障的产生。

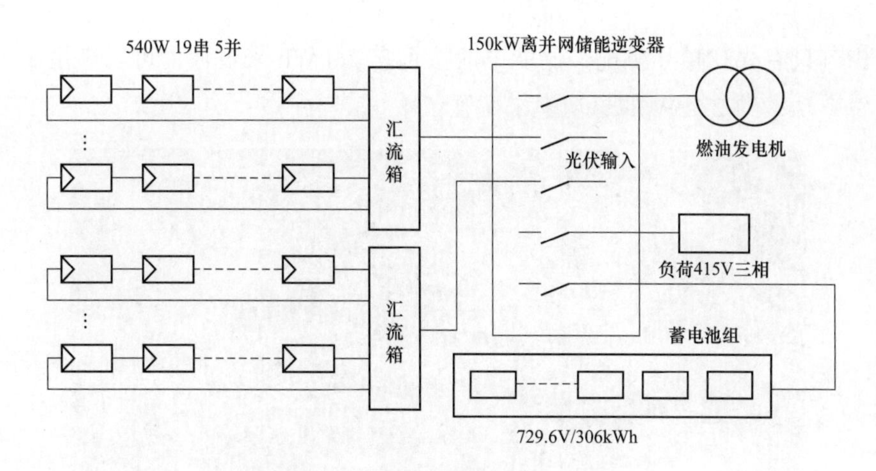

图 5-4 光储微电网项目电气原理图

6. 社会效益

该微电网项目由巴基斯坦政府投资，由兴储世纪公司设计施工和运行维护，政府以 0.6 元/ kWh 成本价卖给居民，相对于燃油发电，平均每年可以为居民节省 6.2 万的电费开支。而且光伏发电稳定，没有噪声和环境污染，维护成本也很低。

5.2.2 高原地区光伏离网独立供电工程项目设计

2013 年，国家能源局制定了全面解决无电人口用电问题 3 年行动计划，提出了到 2015 年底全部解决最后 273 万无电人口用电问题的目标，并明确了技术路线、工作任务及措施等，户用系统的光伏独立供电解决方案是采用 500W 光储一体机，配置铅酸电池和 380W 的组件，一户一套系统，主要是解决照明用电问题，小型光伏离网系统方便携带和安装，集中式光伏储能解决方案是 20～100kW 功率等级的光伏和铅酸蓄电池的储能电站，供电方式采用单相电压 220V AC 供电。

随着时间的推移，人们的生活水平不断提高，原来的光伏离网系统，受到容量的限制、电池性能限制、供电方式限制，不能使用洗衣机、酥油茶机、割草机、抽水机等大功率电气设备，为进一步提升群众的生活、生产质量，满足日益增长的用电需求，2021 年，四川中兴能源启动了新一批的扩容改造升级项目，采用以村为单位、光伏＋新能源电池、三相动力供电网络为特点的光储独立微电网供电方式。四川中兴能源光储独立微电网项目如图 5-5 所示。

经过详细调查，大部分家庭的用电设备功率和用电量，当地的气候条件，考虑 5～10 年的发展趋势，以四川凉山为例，平均每户每天用电量约 8kWh，家用电器功率约为 2.5kW，方案设计取 1000m 为半径确定家庭户数，每一户配置 3kW 的光伏功率，平均每天发电 12kWh，离网系统效率约为 0.8，这样平均每户可用交流侧电能为 9.6kWh。四川凉山雨季较多，考虑到只有光伏单一供电，储能电池按每户 26kWh 来设计，可以满足 3 个阴雨天，逆变器按每户功率约 2.5kW 的总功率来配置。

图 5-5 四川中兴能源光储独立微电网项目

按照统计，以 1000m 为半径，安装户数在 10～120 户之间，因此设计光伏离网系统的容量为 30～360kW，由于大部分地区都在海拔 3000m 的高原地区，高海拔地区空气密度及气压低，温度低，温差大，设计上要主要考虑高海拔对电气系统的影响。

（1）高海拔地区对开关柜的设计要求。常用断路器的介质为空气，空气的介质绝缘强度是随着气压的降低而减少，海拔每升高 1000m，平均气压降低 7.7～10.5kPa，绝缘强度降低 8%～13%，因此在电气间隙和爬电距离不改变的条件下，产品的额定电压和额定工作电流都要降低。高海拔地区对开关柜的设计要求见表 5-2。

表 5-2　　高海拔地区对开关柜的设计要求

海拔（m）	<2000	3000	4000	5000
电气间隙倍增系数	1.0	1.14	1.29	1.48
电气间隙（mm）	10	11.4	12.9	14.8
爬电距离（mm）	12	13.7	15.5	17.8

（2）本项目大部分地区海拔在 3000m 以上，有一部地区在 4000m，因此项目设计时，电气间隙按大于或等于 16mm，爬间距离按大于或等于 20mm 设计，所有的母排、电缆接头均配置绝缘热缩套管。在高海拔地区，随着空气密度的降低，大气压力也随之降低，触头材料的熔点与沸点也随之降低，在电弧电流高温的作用下，触头材料的升华比低海拔时快。开关的分断能力也会降低，因为随着海拔的升高，在选择开关的时候，分断能力要选择高一个等级的。

（3）高海拔地区对散热的影响也很大，对自然对流和强迫风冷散热的设备，高海拔地区的大气压小，空气流动没有平原速度快，因此散热效果会降低，对于 PCS 和离网逆变器等电源设备来说，需要降额运行。从 3000m 开始，每提高 1000m，逆变器需再降额 5%。

（4）高海拔地区对储能电池的影响也比较大，由于海拔的升高，大气压强降低，电池的散热性能降低，在充放电过程中的温升会变大，温度差也变大，不利于电池的使用和寿命，电池热稳定性随着海拔的上升也逐步下降，因此对于在高原环境使用的储能电池，应该在热管理和热安全方面做着重的设计和验证，以确保电池的安全。

项目设计方案：以一个 10 户的村庄为例，当地海拔是 4200m 时，按照要求要配置 30kW 光伏组件，260kWh 电的磷酸铁锂储能，逆变器功率不低于 25kW。设计采用 30kW 储能控制逆变一体机，光伏 MPPT 控制器为 50kW，方便以后扩容，逆变器最大功率支持 33kVA，带工频隔离变压器，可以带交流感性负荷，支持三相不平衡负载，因为用户基本上都是使用单相电，所以系统难以做到三相完全平衡。

5.2.3 通信基站光伏储能电站设计

我国的通信发展非常迅速，从 1G 开始，到现在 5G 时代，技术全球领先，2019 年，我国通信基站耗电量在全社会用电量的占比约为 0.05%，几乎可以忽略不计。随着 5G 网络全面铺开，通信基站耗电量直线上升，到 2023 年，通信基站耗电量预计将占社会用电量的 1.3%，到 2026 年，通信基站耗电量更将上升至全社会用电量的 2.1%，通信设备用电和空调用电占到了基站耗电的 90%左右。

中国铁塔数据显示，一个 5G 室外基站单租户平均功耗在 3.8kW 左右，是 4G 基站的 3 倍以上，单个 5G 基站单租户年综合电费为 2.3 万～3 万元/年，平均每个 5G 基站每天要用 65kWh 电，通信运营商能源消耗构成中电力消耗超过占 80%，而基站电费的支付占整个电力消耗中的比重超 60%。降低基站功耗，实现更加绿色、高效、可持续发展的通信网络，供电的稳定性和用电成本是运营商最关注的问题之一。采用光伏发电与市电同时为通信基站设备负载供电的方式，在保障基站设备正常运行的前提下，可以有效减少运营商的电费支出。

通信基站安装光伏有以下两种方式。

一种是光伏并网电站，建设在电网良好的地方，通信基站用电稳定，没有节假日，每天都需要用电，因此收益较好，根据通信基站在的用电情况，一般采用三相小功率并网的方式，每个基站可安装容量为 6～10kW，当负载大于发电量时，由市电补充缺口的电量；当负载小于发电量时，不向电网输送电量，超出的电量存入基站的储能装置。

另一种是光伏储能电站，在比较偏远的山区，有些基站存在供电不稳的问题，有点基站在山顶远离电网，单个基站功率不大，单独架设电缆费用很高，在这些地方安装光储能系统是最快、最有效的方法。

下面是兴储世纪公司在四川省稻城县的一个通信基站光储系统。

（1）项目信息：稻城县位于中国四川省西南边缘，甘孜州南部，地处青藏高原东南部，横断山脉东侧。年平均气温为 11.5～12.8℃。高原地带最冷月平均气温在 5℃以下，最热月平均气温度为 10～12.1℃，全年最低气温是 1 月，可达－27℃。光照资源充足，属于光照二类地区，平均每天峰值日照时数为 4.5h，基站设备功率是 2.7kW，每天用电量约 40kWh，通信基站有市电，但经常停电，电压也不够稳定。

设计采用光伏和市电互补的供电系统，以光伏为主，电气控制器如图 5-6 所示。

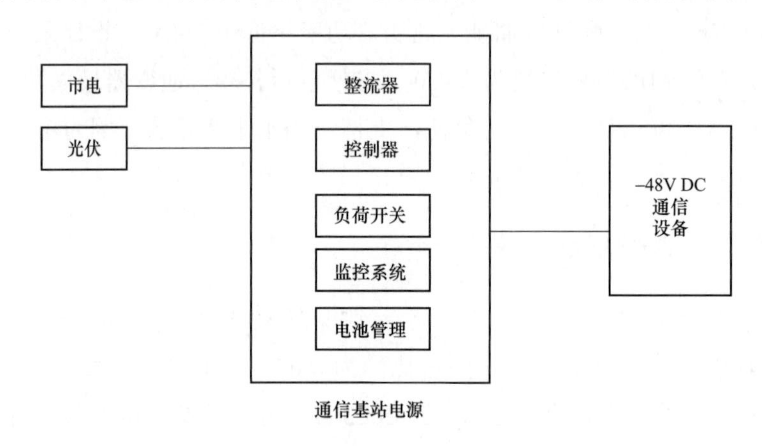

图 5-6　通信基站光储系统图

（2）设备选型与设计：基站电源采用兴储世纪通信一体化电源 Marble 系列，内部由 MPPT 光伏控制器、整流器、电池管理系统和监控装置等组成，可以同时管理太阳能、风能、市电、燃油发电机、蓄电池等多种能源，光伏控制器采用－48V 50A 模块电源，最多支持 12 个控制器并联，总功率最大支持 30kW。

根据基站的设备功率和用电量以及当地的天气条件，组件采用 16 块 450W 单晶组件，总功率为 8.1kW，预计每天能发电 36kWh 左右，采用 3 个光伏控制器，组件采用 3 串 9 并的方式，每 3 个组串接入一台控制器。

（3）电池：目前基站蓄电池主要有铅酸电池和锂电池两种类型，铅酸电池体积大、质量重，对机房空间和载重要求高，正逐步被体积小、质量轻的锂电池所替代。磷酸铁锂电池因其安装成本低、使用寿命长等特点备受欢迎，并且已经应用于实践。蓄电池组是基站直流电的后备电源，是断电后仍能为基站直流用电的设备供电的有力保障，但电池目前成本较高，可根据项目的特点和重要性去配置，一般非常重要的站点，如果没有市电供应，要配置 3～5 天的蓄电池组，在有电网的情况下，一般配备 1～2h 的蓄电池，应对停电时的供电需求。根据本项目的特点，设计采用－48V 100Ah 的锂电池。

第 6 章　光储微电网系统常见问题分析

6.1　光储系统原理及设计常见问题问答

6.1.1　要安装多少块组件才能带得动空调

问：我家里有冰箱、空调、洗衣机、电视机等家电，请问要安装多少块光伏组件才能带得动？

答：组件是直流电，不能直接带动家电；组件输出功率与太阳能有关系，与负载没有直接关系，不存在能不能带动的问题。

如果是并网系统，光伏发电直接并入电网，负载是从电网上取电，负载大小与电网容量有关，与光伏发电没有直接关系。

如果是离网系统，负载大小与逆变器的功率以及蓄电池的输出功率有关，与光伏组件也没有直接关系。

系统组件总功率的大小，关系到一天能发多少度电，负载可以使用多长时间。

6.1.2　光伏离网电站为什么需要蓄电池

问：在光伏离网系统中，蓄电池占比很大，成本和太阳能组件差不多，但寿命比组件短很多，铅酸蓄电池只有 3～5 年，锂电池有 8～10 年，但价格贵，还要 BMS 电池管理系统，增加成本，光伏离网电站能不能直接用，不加蓄电池？

答：除了一些像光伏扬光系统等特殊应用场合，离网系统必须配备蓄电池。蓄电池的任务是储能，保证系统功率稳定，在夜间或阴雨天保证负载用电。

（1）时间不一致。光伏离网系统，输入是组件，用于发电，输出接负载。光伏都是白天发电，有阳光才能发电，往往在中午发电功率最高，但是在中午，用电需求并不高，很多户用离网电站晚上才用电，白天发出来的电，要先储能起来，这个储电设备就是蓄电池。等到用电高峰时再把电量释放出来。

（2）功率不一致。光伏发电受辐射度影响，极不稳定，来一片云，功率就会马上降低，而负载也不是稳定的，像空调、冰箱，启动功率很大，平时运行功率较少，如果光伏直接带负载，就会造成系统不稳定，电压忽高忽低。蓄电池就是一个功率平衡装置，当光伏功率大于负载功率时，控制器把多余的能量送往蓄电池组储存，当光伏发的电不能满足负载需要时，控制器又把蓄电池的电能送往负载。

光伏扬水系统是一个特殊的离网电站，利用太阳能抽水，光伏扬水系统逆变器是一个特殊的逆变器，包含变频器功能，频率可以根据太阳能的强度而变化，当太阳辐射度高时，输出频率就高，抽水量就大，当太阳辐射度低时，输出频率就低，抽水量就小，光伏扬水系统要建一个水塔，平时有太阳就往水塔里抽水，用户需要水就从水塔里面取，这个水塔其实就是取代蓄电池的作用。

6.1.3 MPPT 输入和组串输入有什么不同

目前组串式逆变器，不同的厂家技术路线不一样，有单极的，也有两级的，通常的做法是采用两级电气结构，前级是升压电路，后级是 DC-AC 逆变电路，最大功率跟踪 MPPT 一般是放在前级，如果组件的电压输入电比较高，如单相超过 330V 左右，三相超过 630V 左右，逆变器就会越过前级升压电路，直接 DC-AC 逆变，这时候最大功率跟踪 MPPT 就会在后级。

组串逆变器的多个输入，每一个输入接口叫组串输入，如 30kW 逆变器，通常有 6～8 路输入，但前级的升压装置，并不一定和组串输入数量一样，通常把升压装置的路数称为 MPPT 路数，不同的厂家技术路线不一样，有一路组串接一路升压装置的，也有两路组串汇合的再接入一路升压装置的，还有三路或者四路组串汇合再接入一路升压装置的。

选择不同的 MPPT 路线，对系统发电量有一定的影响，从解决失配的问题角度来说，1 个 MPPT 后面的组串越少越好；从稳定性和效率上来说，1 个 MPPT 后面的组串越多越好，因为 MPPT 数量越多系统成本越高，稳定性越差，损耗越多。在实际应用中，要结合实际地形，选择合适的方案。

1. MPPT 少、组串多的优势

（1）功能损耗少。MPPT 算法很多，有干扰观察法、增量电导法、电导增量法等，不管是哪一种算法，都是通过持续不断改变直流电压，判断阳光的强度变化，因此都会存在误差，比如说当电压实际正处于最佳工作点时，逆变器还是会尝试改变电压，来判断是不是最佳工作点，多一路 MPPT，就会多一路损耗。

（2）测量损耗少。MPPT 工作时，逆变器需要测量电流和电压。一般来说，电流越大，抗干扰能力就越大，误差就越少。

（3）电路损耗少。MPPT 功率电路有一个电感和一个开关管，在运行时会产生损耗。MPPT 路数越多，损耗就越大，一般来说，电流越大，电感量可以做得更小，损耗就越少。

2. MPPT 多、组串少的优势

（1）逆变器每个 MPPT 回路都是独立运行的，相互之间不干扰，可以是不同型号、不同数量的组串，组串可以是不同的方向和倾斜角度，因此组串数量少，系统设计灵活性更大。

（2）减少直流侧熔丝故障：光伏系统最常见的故障就是直流侧故障，一个MPPT配置1～2路组串，即使某一路组件发生短路，总电流也不会超过15%，因此不需要配置熔断器。

（3）精确故障定位：逆变器独立侦测每一路输入的电压和电流，可实时采样组串电流、电压，及时发现线路故障、组件故障、遮挡等问题。通过组串横向比较、气象条件比较、历史数据比较等，提高检测准确性。

（4）匹配功率优化器更适合：目前在组件端消除失配影响的解决方案之一是使用功率优化器，光伏优化器可根据串联电路需要，将低电流转化为高电流，最后将各功率优化器的输出端串联并接入逆变器，多个组串接入优化器，按照并联电路电压一致的原理，当某一路组串受到阴影遮挡导致功率下降时，优化器改变电压，这个回路的总电压会降低，也会影响到同一个MPPT其他回路的电压下降，导致功率下降。

6.1.4 小型分布式光伏电站如何选择组件

光伏组件有多晶硅、单晶硅、薄膜三种技术路线，各种技术都有优点和缺点，在同等条件下，光伏系统的发电量只与组件的标称功率有关，与组件的效率没有直接关系，目前组件技术成熟，国内一线和二线品牌的组件生产厂家质量都比较可靠。光伏组件尺寸目前没有标准化，功率也多种多样，分布式光伏一般规模小，安装难度大，因此，推荐用小组件，尺寸小、重量轻，安装方便。

单晶182硅片和单晶210硅片的组件的发电量，差别在2%以内，还不到检测的误差，很多厂家都同时做182硅片和210硅片，选对厂家比选对组件更重要，用户需要选择从可靠的渠道去购买，市面上也有很多二手组件，要特别注意。

面积一定，客户如果希望安装更大的容量，建议选择高效组件，因为技术路线不同，同样的面积，高效组件一般会比低效组件高5～10W。

预算一定，客户如果希望安装更多的发电量，建议选择低效组件，这个低效组件，并不是发电效率低，可能是早些年的高效组件没有卖掉，但质量还是很好，如果是厂家清理库存，价格会比正常的组件要低一些，但这些组件不会影响发电量。

如果业主屋顶承载不够，建议安装CIGS柔性薄膜组件，质量轻，安装方便。如果是阳光房，需要透光，建议安装碲化镉（CdTe）薄膜组件，可以根据实际情况选择不同透光性能的组件。

6.1.5 光伏离网系统怎么设计

问：客户想安装一套光伏离网系统，家里没有电网，主要用电设备有电饭锅、灯泡、电视机、风扇、冰箱、洗衣机等，每天要怎么设计，才能带得动这些设备，保证客户的用电量，成本方面最节省？

答：在光储系统，一般根据用户的负载类型和功率来确认离网逆变器的功率；根据用户每天的用电量确认组件功率；根据用户用电量或者期望待机时间确定蓄电池容量。

有一些离网用户，没有装过电能表，对自己的用电情况不是十分清楚，还有一些离网系统，是新建的，这时就需要去估算每天的用电量，对于灯泡、电风扇、电吹风这样的负载，用电量等于功率乘以时间；但空调、冰箱这样的负载，是间歇性工作的，电视、计算机、音响这样的负载，工作时很少在满功率状态，计算电量时，就要综合考虑了。

空调说明书上都标有输出功率、输入功率。1P（1 匹）空调输出功率（这里说的是制冷能力）可达 2500W，但决非耗电量是 2500W。1P 空调的输入功率（也就是即耗电量）每小时是 850～1000W。但空调不是一直在工作的，当房间的室内温度降到设定的温度时，空调就会停止工作，处于待机状态，这时候消耗的电能就很少，一台 1 匹的空调，如果在一个 $12m^2$ 的房间，一天 24h，如果都在满载运行，消耗的电量是 900×24＝21.6（kWh），但实际上没有这么多，如果房间密封性比较好，采用节能变频空调，可能一天只消耗 5～8kWh 电。

电视机、台式计算机里面有开关电源。如电视机，平时开机并不是以额定功率在运行，功率随着屏幕亮度和声音在变化，如一台标称 100W 的电视机，正常状态下工作，功率可能只有 50～80W。

6.1.6 离网逆变器为什么比并网逆变器贵

问：王经理是一个做户用分布式项目的安装商，便尝试做一些光伏离网项目，因为光伏离网不同于并网，是刚性需求，在一些缺电地区，光伏发电比柴油发电，还是要便宜很多。对离网逆变器询价时，发现同等功率的逆变器，离网价格是并网的 1.5～3 倍，让王经理感到很奇怪，离网逆变器为什么这么贵？

答：光伏并网系统由组件、并网逆变器、光伏电表、负载、双向电能表、并网柜和电网组成，太阳能电池板发出的直流电，经逆变器转换成交流电送入电网。光伏离网系统由组件、太阳能控制器/逆变器、蓄电池组、负载等构成，光伏方阵在有光照的情况下由控制器将太阳能给蓄电池组充电，再通过逆变器给负载供电，在无光照时，由蓄电池通过逆变器给负载供电。

离网逆变器比并网逆变器结构复杂，并网逆变器一般是升压和逆变两级结构，离网逆变器一般有四级结构，包括控制器、升压、逆变、隔离，成本是并网逆变器的 2 倍左右。

同等功率，离网逆变器过载能力比并网逆变器要高 30%以上，并网逆变器前级接组件，输出接电网，一般不需要过载能力，因为很少有组件的输出功率大于额定功率，离网逆变器输出接负载，而有很多负载是感性负载，启动功率是额定功率的3～5倍，所以离网逆变器的过载能力是一个硬指标，过载能力强，元器件的功率就要加大，意味着成本就高。

离网逆变器产量低，目前光伏并网市场占有率约为98%，离网市场占有率约为2%，出货量很低，不能自动化生产，原材料和生产成本都要高很多。

综上所述，离网逆变器比并网逆变器贵的原因是电气结构更复杂，需要过载能力更强，但产量却很低。

6.1.7 光伏组件能吸收多少太阳能

问；太阳能到达地球大气层上界，大约每平方米的功率为1367W，目前光伏组件效率最高的产品约为21%，也就是说1m^2最大能产生的最大功率是210W，这中间的1157W能量去哪里了？

答：有一半被大气层吸收和反射，还有一部分组件不能吸收。

地球上空有数千公里的大气层，分为对流层、平流层、中间层、热层和外逸层，太阳约有30%的能量会反射到太空，约有19%的能量被云层和大气吸收，变成风、雷、雨、电，到达地球表面的约占51%。也就是说，太阳能到达地球表面，每平方米的平均功率约为690W，组件的标准测试条件是每平方米辐照度为1000W，大部分地方的光照都达不到这个条件，当然也在少数地方，在某个特定的时刻辐照度可能超过1000W。

目前组件只能吸收约可见光部分的能量，如果都能吸收，最大效率可达48%左右，但没有哪一种技术的电池带宽能做到这么宽，当禁带宽度在1.0～1.6eV时，电池片的最大转换效率在44%以下，预测晶硅电池的极限效率是29%，2017年3月，日本化学制造公司开发出转化率为26.3%的晶硅太阳能电池。

组件封装损失：封装成组件后，由于组件面积大于电池总面积，约损失了2个百分点的全面积效率；其次，由于光伏玻璃的透光吸收损失了0.5个百分点；EVA胶膜透光吸收损失0.5个百分点；第三，互联条/汇流引出条的电阻损失1个百分点。总共损失了约4个百分点。随着组件技术不断发展，现在推出多主栅电池组件、双玻无铝边框组件、MWT背接触无主栅电池组件，可以把组件封装损失降低到1%以下。

6.1.8 光伏逆变器有风扇好还是无风扇好

问：风扇是设备里面最容易损坏的部件，还会产生噪声，但风扇可以带走热量，避免逆变器内部元器件高温，那么，逆变器里面有风扇好还是无风扇好，怎么在成本、可靠性和噪声三者之间找一个平衡？

答：光伏逆变器是电源产品，也会像人体一样会产生热量，而且在天气越好的时候，产生的热量越多，逆变器里面的元器要尽量避免高温。温度过高将会使逆变器的寿命缩短，机器可靠性降低。

目前逆变器都设有散热器，方式主要有两种：一种是依靠自身的抵抗力，自然散热；另一种是依靠外力，用风扇强制冷却。

（1）自然散热。自然散热的冷却方法是指不使用任何外部辅助能量的情况下，实现局部发热器件向周围环境散热达到温度控制的目的，其中通常都包含了导热、对流和辐射三种主要传热方式，其中对流以自然对流方式为主。

（2）强制散热。强制散热的冷却方法主要是借助于风扇等强迫器件周边空气流动，从而将器件散发出的热量带走的一种方法。

（3）两种散热方式对比。自然散热没有风扇，噪声低，但散热速度慢，一般用于小功率的逆变器，要求散热器面积大；强制风冷要配置风扇，噪声大，风扇要消耗一部分电量，本身也是一个故障点，但散热速度快，一般用于大功率的逆变器。中功率的组串式逆变器，两种方式都有。

什么情况下需要用风扇？这个要看厂家的整体设计，对于家用小功率逆变器，通常要求不带风扇，因为噪声会影响生活质量，而且小功率逆变器产生的热量少，也不需要用风扇。功率越大产生的热量也多，如果大功率逆变器不使用风扇，可能会影响逆变器里面元器件寿命，还有可能降低输出。

那么多大功率使用自然冷却不影响寿命？随着技术的进步，功率器件的损耗越来越少，而一些新的算法也可以减少损耗，因此使用自然冷却的逆变器功率越大越大，2015 年之前，大部分厂家单相 5kW 和三相 10kW 可以做到自然冷却。到 2017 年，大部分厂家单相 8kW 和三相 30kW 可以做到自然冷却。有部分厂家 100kW 的三相逆变器也可以实现自然散热。

6.1.9　逆变器有屏幕好还是无屏幕好

问：之前的逆变器，都会有一个屏幕，而且越做越大，但最新开发出来的逆变器，屏幕开始越做越少，甚至取消了，那么逆变器有屏幕好还是无屏幕好？

答：在智能手机没有出现之前，光伏逆变器显示信息，主要依赖 LCD 液晶显示屏，那时候，LCD 屏越大越受用户欢迎，因为屏蔽里面有图形和数字，可以显示光伏输入的电压、电流、每天的发电量等很多内容，方便业方随时察看。

但 LCD 屏也有缺陷，就是寿命比较短，时间长了就没有显示，LCD 屏目前是逆变器寿命最短的部件之一，按键也容易失灵，一旦屏坏了，还会影响逆变器别的部件正常工作。自从智能手机出现之后，再加上通信方便，用户对 LCD 屏的要求就没有以前高了，逆变器厂家一般都会开发一个 App，从手机上看逆变器的运行信息，更方便，内容更丰富。

但对于户用逆变器，有一个 LCD 屏还是要方便些，一是有些比较落后的地方，有些老人还不习惯用智能手机；二是 LCD 屏方便更多人观看，手机是私密性用品，有时候不方便给别人看。不过屏幕不用很大，分辨率也不需要太高，只显示数字信息就可以了，如使用工业级的STN液晶显示模组，不用物理按键，而采用声控开关，都可以延长屏的使用寿命。

大功率组串式逆变器一般安装在大型厂房屋顶或者地面，一般是通过计算机或者手机来查看运行参数，不用每天都去现场看，因此现在很多厂家就把LCD屏省去了，改为用LED灯来表示逆变器的运行状态，LED灯的成本只有其1/4左右，而且寿命更长，因此采用LED方案后，逆变器的成本可以做得更低。

如果只有3～4个LED灯，只能表达逆变器的状态，功能有限，运行维护人员现场巡检，逆变器如果出现故障，基本上判断不出是什么问题。如果采用多个LED灯，有不同的显示组合，这样既可以近似显示输出功率，不同的组合还可显示故障类型，就可以弥补一些没有LCD屏的不足。

6.1.10 逆变器用熔丝好不好

问：熔丝是一个电流保护器件，主要防止电路短路，但光伏组件的短路电流不大，即使发生短路，也不能马上保护，那么，逆变器用熔丝有没有必要？

答：在光伏系统中，直流电缆暴露在室外，有可能发生短路和接地故障，这时候就需要保护。熔断器作为一种过电流保护器件，串联在电路中，可在系统出现短路故障时及时切断故障回路，保障系统安全，逆变器和汇流箱一般采用光伏熔丝，但是熔丝也是不可靠的，如果设计得不好，容易发生误判。

熔丝常见失效模式分为过电流熔断、老化熔断、过温熔断。过电流熔断是在过载、短路等超出额定的情况下发生的保护性熔断；老化熔断是指在长期的工作中，同于自身老化，载流能力下降，在没有过电流的情况下发生的故障性熔断；熔丝的电流和温度有很大关系，熔丝如果在高温下工作，载流能力下降，发生故障性熔断可能性比较大。

常用的光伏熔丝是15A，光伏组件是一个非线性电源，里面有内阻，一般在5Ω左右，组件发生短路，电流也不会太大，以300W为例，开路电压是39.9V，短路电流是9.55A，算出来组件内阻约为4.2Ω。

一个MPPT配置1～2路组串，即使某一路组件发生短路，总电流也不会超过15%，因此不需要配置熔断器，一个MPPT如果配置N路（$N \geqslant 3$）组串，某一路组件发生短路，这一路组串就会出现（$N-1$）×短路电流，这时候就需要配置熔断器。经过理论分析和多年的实践，证明这个方法是正确的。

如图6-1所示，一个MPPT接两路组串，分别为S1和S2，当S2某个地方发生对地短路时，由图6-1可以看到，S2的负极电流不经过熔断器流向接地点，S1的负极电流经过公共汇集点和S2的熔断器流向接地点，熔断器的总电流不超过额定电流的15%，达不到熔断的条件，也不会有火灾隐患，因此不需要熔断器。

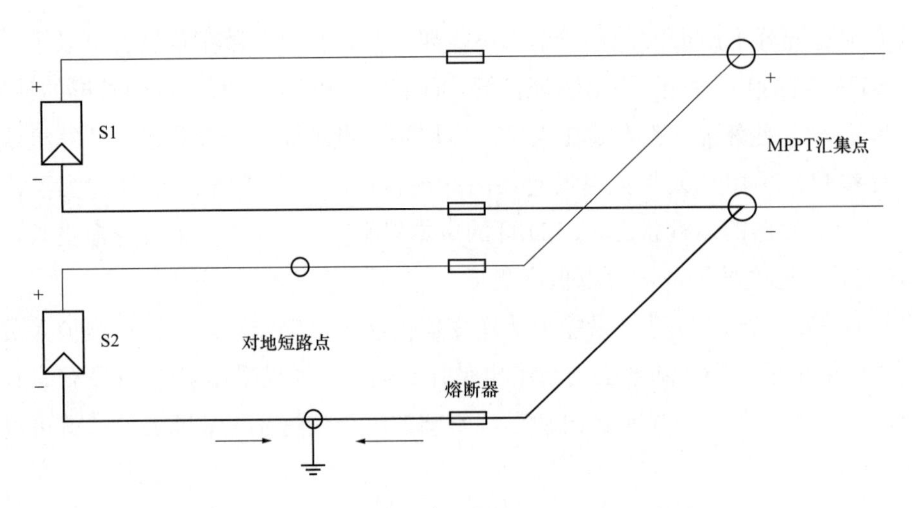

图 6-1　一个 MPPT 接两路组串熔断器示意图

当一个 MPPT 如果配置 *N* 路（*N*≥3）组串时，短路电路就会增加。

如图 6-2 所示，一个 MPPT 接三路组串，分别为 S1、S2 和 S3，当 S3 某个地方发生对地短路，由图 6-2 可以看到，S3 的负极电流不经过熔断器流向接地点，S1 和 S2 的负极电流经过公共汇集点和 S3 的熔断器流向接地点，熔断器的总电流为短路电流的 2 倍，达到熔断的条件，会有火灾隐患，因此，多路组串需要配置熔断器来保护。

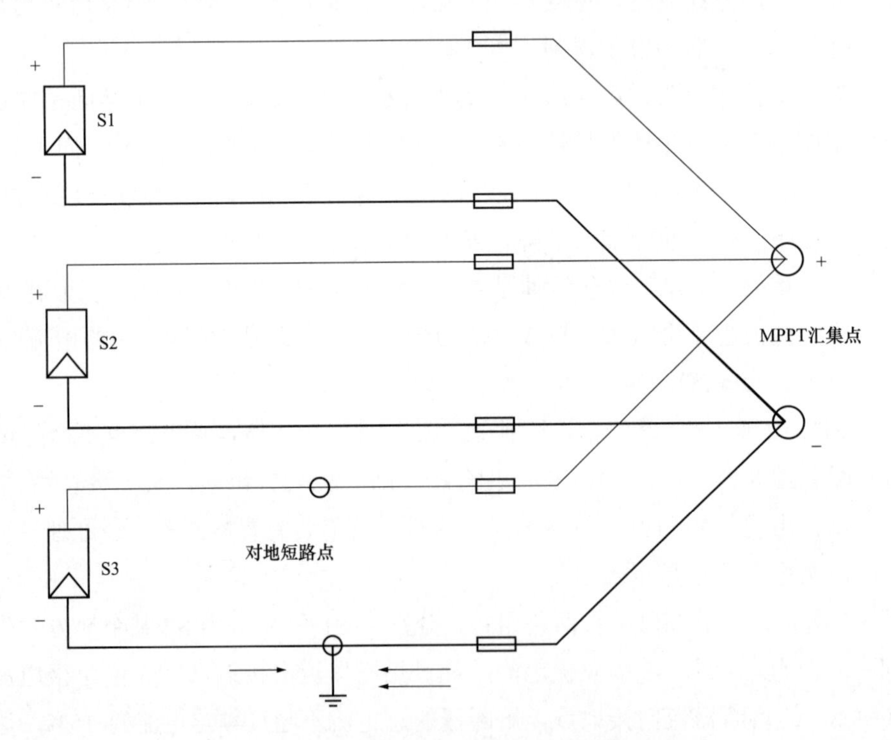

图 6-2　一个 MPPT 接三路组串熔断器示意图

6.2 光储系统安装常见问题

6.2.1 逆变器先接直流还是先接交流

问：逆变器要接线时，是先接直流好，还是先接交流好？

答：光伏并网逆变器输入是组件、直流电，输出是交流，接电网。从逆变器方面，没有先后次序，怎么接都可以，对逆变器没有影响。如果从系统方面考虑，可以从并网系统初次安装、并网系统维护保养、离网系统三种情况考虑。

1. 并网系统初次安装

建议先接入光伏组件，接入组件后，逆变器就能启动，初次上电，首先是自检，再检测组件和直流侧的绝缘情况。如果有多路组串，建议一路路逐步接入；都没有问题后，再接入交流电，逆变器检测交流电压、频率，如果正常，逆变器就会启动，调整电压和相序，到逆变器的电压和电网的电压完全一致后，并网接触器闭合，逆变器开始工作。

如果是集中式逆变器，建议先接入辅助电源，再接入光伏组件，最后接交流。

2. 并网系统维护保养

如果组件和交流都是正常的，可以先接交流开关，再接直流开关，可以节省一点时间，因为交流开关一旦断开，逆变器就会启动孤岛保护功能，而电网恢复时间较长，一般要 1min 或者 5min，早一点合上交流开关，就可以早一点并网。

3. 离网蓄电池系统

离网系统多了一个蓄电池，而且离网逆变器要用蓄电池供电，因此要先接上蓄电池，启动逆变器，完成自检后，再接上组件。

6.2.2 组件的地线和逆变器的地线能接到一起吗

在光伏系统安装中，组件需要接地线，逆变器也需要接地线，那么，组件和逆变器的地线是否可以接在一起，这样不是可以省去一线地线了吗，在回答问题之前，先解释一下组件和逆变器的地线都有什么用途。

地线是接地装置的简称，分为工作接地和安全接地。组件接地主要作用是防雷击接地。

（1）防雷接地，将雷电导入大地，防止雷电流使人身受到电击或财产受到破坏。由于光伏发电系统的主要部分都安装在露天状态下，且分布的面积较大，因此存在直接和间接雷击的危险。而且光伏发电系统与相关电气设备及建筑物有着直接的连接，光伏系统如果受到雷击，还会涉及相关的设备和建筑物及用电负载等。为了避免雷击对光伏发电系统的损害，就需要设置防雷与接地系统进行防护。逆变器接地包括防雷接地和工作接地，安全

接地和组件的功能一样，

（2）逆变器参考电位，理想的参考地可以为系统（设备）中的任何信号提供公共的参考电位，大地可以认为是一个电阻非常低、电容量非常大的物体，拥有吸收无限电荷的能力，而且在吸收大量电荷后仍能保持电位不变，常被作为电气系统中的参考地来使用。电网侧的电压也是把大地作为零电位。以大地为零电位，逆变器的交流电压和直流电压可以检测得更准确、更稳定，检测组件对地的漏电流也需要把大地作为一个参考点。

防电磁干扰的屏蔽接地，逆变器是把直流电转为交流电的设备，里面有电力电子变换，频率一般为 5～20kHz，因此会产生交变电场，也会产生电磁辐射。外界的电磁干扰也会对逆变器运行造成影响，将电气干扰源引入大地，抑制外来电磁干扰对逆变器的影响，也可减少逆变器产生的干扰影响其他电子设备。

电势诱导衰减（Potential Induced Degradation，PID）直接危害就是大量电荷聚集在电池片表面，使电池表面钝化，PID 效应的危害使得电池组件的功率急剧衰减，减少太阳能电站的输出功率，减少发电量，减少太阳能发电站的电站收益。接地系统可以延缓组件的衰减过程。

从原理上看，安全接地和工作接地尽量不要接在一起，因为安全接地不经常发生，但发生时电流很大，电压比较高，而工作接地电流则是设备工作时就发生，和逆变器 PCB 弱电部分相连接，电流很小，电压也很低。

逆变器一般有两个接地点，机壳接地点和接线端子接地点，机壳接地点一般是安全接地，可以和组件系统的接地点接在一起，但不要和组件直接接在一起，最好直接和埋在地下的接地带连接，如果条件不允许，也可以和防雷带接在一起，接线端子接地点，是工作接地，要和输出电源端的地线接在一起。

接地线的长度及规格：光伏系统要求有一个良好的接地系统，做好接地系统既是设备稳定、可靠工作的需要，也是保障设备和人身安全的需要。光伏接地种类包括防雷接地、安全接地、工作接地，三种接地线在某一公共点接在一起后再通过等电位连接带接到接地体。一个良好的接地系统除了必须有良好的接地体以外，接地线的长度和用材规格是极其重要的方面。

长度要求：为防止雷电流或故障电流所产生的高电位对设备的损害，要求接地线长度尽可能短，还要尽可能避免弯曲、绕圈。一般情况下，接地支线的长度应该小于 15m。

用材规格：光伏标准对接地线有明确的规定，接地线与交流相线截面积有关，当相线截面积小于 $16mm^2$ 时，地线和相线面积相等，并大于 $2.5mm^2$。当相线截面积小于 $35mm^2$、大于 $16mm^2$ 时，地线的截面积最小为 $16mm^2$ 时；当相线截面积大于 $35mm^2$，地线截面积为相线截面积的 1/2。

6.2.3 家装光伏电站是否有危险性

问：随着国家政策不断向分布式光伏倾斜，光伏创新技术提高，度电成本下降，国家补贴维持不变，投资分布式光伏电站，现在非常划算，但是很多人还是有些担忧，屋顶装那么多光伏组件，有没有危险？

答：光伏电站会产生高电压、大电流、高温度，需要有资质的承建商去安装，如果处理得不好，会有一定的危险性。

1. 火灾隐患

光伏电站有高电压、大电流，设备长期运行于户外环境中，光照、雨水、风沙等的侵蚀都会加速电缆和连接器等设备的老化，导致设备绝缘性能下降，造成设备故障，甚至引发火灾。除了选择质量好的组件、逆变器、线缆、连接器、汇流箱等设备外，还要对光伏系统进行定期检测。

2. 注意高温

在夏天，组件表面和逆变器散热器表面温度较高，要注意通风散热，组件表面不能有遮盖物，不能在组件上晒辣椒、萝卜等，如果有树叶、鸟粪要及时清理，逆变器周边不能有易燃物，正在满载运行的逆变器散热器温度比较高，不要让小孩接触到。光伏组件和逆变器最好有隔离围栏。

3. 光伏系统没有辐射危害

光伏系统由光伏组件、支架、直流电缆、逆变器、交流电缆、配电柜、变压器等组成，其中支架不带电，自然不会产生电磁干扰。光伏组件和直流电缆，里面是直流电流，方向没有变化，只能产生电场，不能产生磁场。输出变压器虽然是交流电，但频率很低，只有50Hz，产生的磁场很低。逆变器是把直流电转为交流电的设备，里面有电力电子变换，频率一般为5～20kHz，因此会产生交变电场，也会产生电磁辐射，国家对光伏逆变器电磁兼容性有严格的标准。经科学测定，光伏电站的电磁环境低于各项指标的限值。在工频段，光伏电站电磁环境甚至低于正常使用的常用电器产生的量值，不会对人身健康产生影响。

6.2.4 逆变器如何实现负载优先使用光伏发电

问：光伏发出来的电，怎么能保证优先给负载使用，而不是光伏电送入电网，负载从电网取电？有什么依据能说明负载使用的电是光伏电，而不是电网送过来的电？光伏发电和市电频繁切换，会不会影响逆变器或者设备？

答：同一时刻电流只有一个方向。从电路原理上讲，电流都是从电压高的地方流向电压低的地方，在同一个时刻，电流的方向是唯一的，就是说，电流在同一个点不能同时既流出又流入。以用户侧电表为节点，在同一时刻，电流只有一个方向，要么是光伏电流向电网，要么是电网的电流向负载。因此不存在同一时刻光伏电送入电网，负载从电网取电的情况。

光伏发电是一种电源，它可以输出电能，而且只能输出电能，而电网是一种特殊的电源，它既可以向负载提供电能，也可以作为负载接收电能，根据电流都是从电压高的地方流向电压低的地方这个原理，当光伏发电时，从负载上看，并网逆变器的电压始终比电网的电压要高一点，因此负载优先使用光伏发电，只有当光伏的功率小于负载功率后，并网点的电压才会下降，电网才会向负载供电。分布式光伏，“自发自用，余量上网”，一般要安装两块电能表，逆变器侧安装一块电能表，记录光伏发电量，用户侧并网点安装一块双向电能表，用来记录光伏向电网输送的电量以及用户向电网购买的电量，如图 6-3 所示。

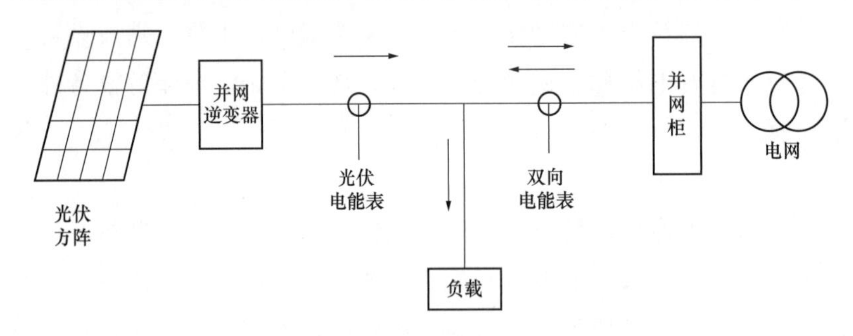

图 6-3　分布式光伏发电

并网馈电系统中，市电主要用于构建电网的电压/频率/相位。并网逆变器不输出电压，而是跟踪电网相位和波形，只向电网输出电流，因为光伏逆变器的电压比电网电压要高，根据电路原理，电流是从电压高的地方流向电压低的地方，因此，只要光伏能发电，就一定会先送到负载端。

从负载角度上，负载消耗电流，是从离自己最近的电流源获取电流。以屋顶系统为例，并网逆变器都是在市电变压器之后，逆变器的电能首先被负载使用。

由于光照不是很稳定，时大时光，光伏发电的功率也不稳定，因此负载用的电，有时候可能是光伏电，有时候可能是市电，有时候可能是光伏电和市电同时供应，其实这是表面层面的。从理论上讲，用户使用的电都是电网的电，因为逆变器有一个功能，能够把组件发出来的电，变成和电网完全相同的电，具有相同的电压、相同的频率、相同的相位。光伏发电和市电频繁切换的过程实际上也是不存的。

从电能质量的角度上看，用户完全分辨不出来他用的电是太阳能光伏电还是电网电。同时，也没有必要去区分到底是用哪一种电。如图 6-4 所示，并网点安装在变电房，并网点安装双向电能表，电流有两个方向，可以计量光伏发出来的电，负载用了多少，上网送出多少。但厂房 1～3，电流只有一个方向，就不能单独计量哪一个厂房光伏用了多少电量，电网用了多少电量。

6.2.5 分布式光伏发电系统并网后，怎么计算光伏收益

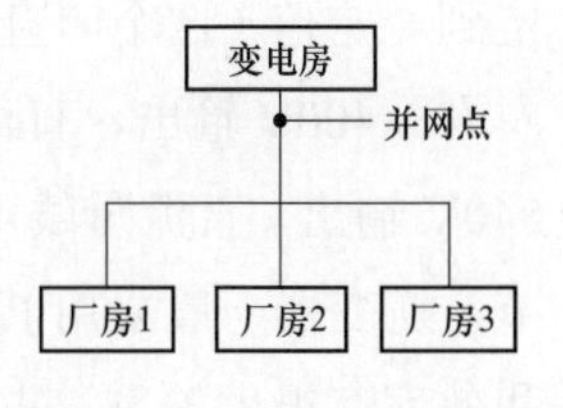

图 6-4 并网点安装示意

问：安装光伏后，是不是就不用交电费了？

答：在分布式发电系统安装完成后，电网公司会进行并网的检验验收，验收合格后会在业主家里安装两块双向电能表，会分别对光伏系统的发电和市电的用电量进行独立计量。

双向计量电能表就是能够计量用电和发电的电能表，功率和电能都是有方向的，从用电的角度看，耗电的算为正功率或正电能，发电的算为负功率或负电能，该电能表可以通过显示屏分别读出正向电量和反向电量，并将电量数据存储起来。

安装双向电能表的原因是光伏发出的电存在不能全部被用户消耗的情况，而余下的电能则需要输送给电网，电能表需要计量一个数字，在光伏发电不能满足用户需求时，这又需要计量另一个数字，普通单块表不能达到这一要求，所以需要使用具有双向电能表计量功能的智能电表。

怎么去计算光伏收益：两块电能表有 3 个读数，光伏电能表读数、双向电能表反向读数，双向电能表正向读数，

收益＝光伏电能表读数×（国补＋省补）＋双向电表反向读数×当地脱硫电价

安装了光伏，不等于就不用电网的电了，在阴雨天和晚上没有阳光时，还是要向电网取电，因此还是要向电网公司交纳电费，而且电网收的电价还比卖电的价格还要高很多。

支出：双向电表正向读数×当地电价

6.2.6 什么是逆变器输入额定电压

在逆变器的参数中，输入有很多电压指标：最大直流输入电压、启动电压、MPPT 工作电压范围等，最近有很多厂家又多标注了一个“额定输入电压”这个参数，有很多技术人员往往会忽视，认为这个参数没有什么用。其实这个参数很关键，学会使用了，会让光伏系统的效率变得更高。

大家都知道，最大直流输入电压是限制组串的最高开路电压的，要求在极限最低温度时，组串的最高开路电压不能超过最大直流输入电压，启动电压则是逆变器芯片开始工作，但并不表示这时候就会输出功率，要光伏功率超过逆变器的功耗才会有输出，额定输入电压如图 6-5 所示。

图 6-5 有 3 条线，代表 3 种输入电压时逆变器的效率，可以看到，不同的电压，效率不一样，360V 的效率最高，500V 次之，250V 效率最低。如果把组串的电压设计在额定电压左右，逆变器效率会很高，发电量也就高。

根据逆变器原理，组串式逆变器前级 DC-DC-BOOST 电路，需要把直流电压升压并稳

定到一定值（这个叫直流母线电压），才能转为交流电；230V输出，直流母线电压要360V左右；400V输出，直流母线电压要600V左右；500V输出，直流母线电压要750V左右；540V输出，直流母线电压要800V左右。但组件串联电压一般没有这么高，需要电路去调节，逆变器一般采用PWM方式去调整，占空比等于组件串联电压/直流母线电压，占空比和效率有很大关系，占空比越大，电压差越小，效率就越高。

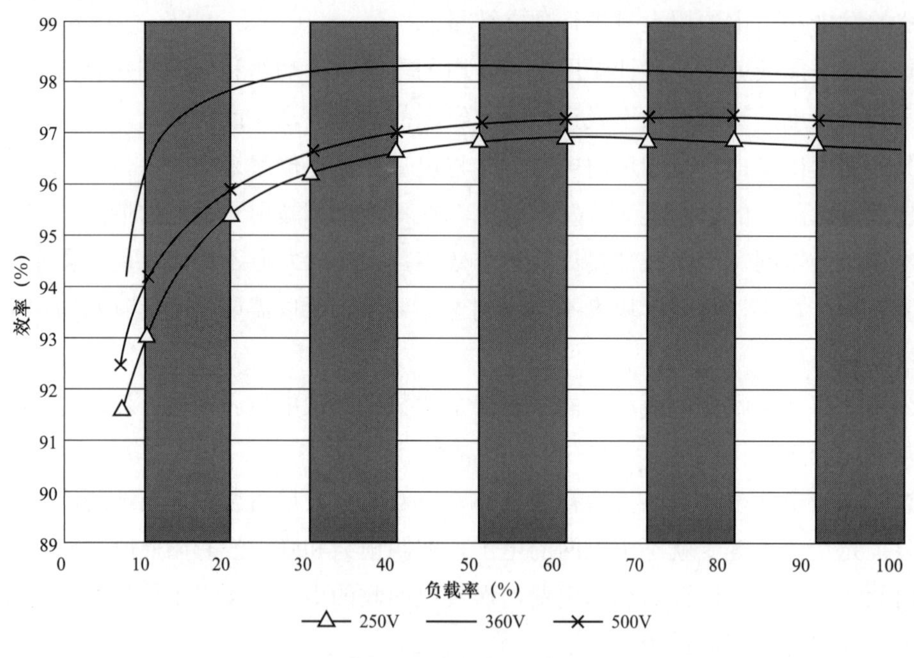

图6-5　额定输入电压

尽量把组串电压配在逆变器的额定工作电压左右，效率最高，而且简单实用，以60片280W多晶组件为例，单相220V逆变器，输入额定电压为360V，配11和12块组件最佳；三相400V输出逆变器，输入额定电压为600V，配20和21块组件最佳；三相480V输出逆变器，输入额定电压为700V，配23和24块组件最佳。如果达不到这个条件的，可以尽量靠近这个电压。

6.2.7　为什么逆变器的启动电压比最低电压高

问：在光伏并网逆变器中，逆变器输入启动电压比最低工作电压要高30V左右，如单相逆变器，MPPT工作电压是70～550V，启动电压是100V，很多人就很奇怪，从70～100V之间，逆变器到底工作还是不工作，如果工作，但逆变器要100V才启动，不启动的逆变器又是怎么工作的？

答：启动电压之所以要高出最低工作电压，是根据光伏组件的特性来设计的，逆变器启动前，组件没有工作，处于开路状态，电压会比较高；当逆变器启动后，组件处于工作状态，电压会降低。为防止逆变器多次重复启动，因此逆变器的启动电压要比最低工作电压高一些。如3块组件串联，当早晨有太阳时，开路电压可能有90V，如果这时候启动，可能只有60V，达不到工作电压，逆变器会停机，只有当开路电压超过100V，如果这时候启动，工作电压会超过70V，逆变器就一直可以工作。

逆变器启动后，并不代表逆变器马上就会有功率输出，逆变器的控制部分，CPU和屏幕等器件先工作，首先是逆变器自检，再检测组件和电网，完全没有问题后，等光伏功率超过逆变器的待机功率，逆变器才会有输出。

6.2.8 电网停电，并网逆变器为什么要停止工作

问：有些人在安装光伏并网系统时，会抱着一种“即使电网停电，如果有太阳，自己家也能用上电”的心态，但现实情况是，电网停电时，自己家的光伏系统只会晒太阳，也会停止运转，同样用不上电，为什么？

答：造成这一现象的原因就是并网逆变器，必须配置防孤岛装置，当电网电压为零时，逆变器就会停止工作。防孤岛装置是光伏所有并网逆变器的必备装置，之所以这样做，主要是为了电网的安全考虑，当电网停电，检修人员准备对电路进行检修，如光伏系统还在源源不断地上传电力，很容易造成安全事故。因此，相关国家标准规定，光伏并网逆变器必须有孤岛效应的检测及控制功能。

孤岛效应的检测方法有被动式检测和主动式检测，被动式检测方法检测并网逆变器输出端电压和电流的幅值，逆变器不向电网加干扰信号，通过检测电流相位偏移和频率等参数是否超过规定值，来判断电网是否停电；这种方式不会造成电网污染，也不会有能量损耗；而主动式检测是指并网逆变器主动、定时地对电网施加一些干扰信号，如频率移动和相位移动，由于电网可以看成是一个无穷大的电压源，有电网时这些干扰信号就会被电网吸收，电网如果发生停电，这些干扰信号就会形成正反馈，最终会形成频率或电压超标，由此可以判断是否发生了孤岛效应。

目前并网逆变器防孤岛功能技术完全成熟，因此，在户用并网项目，是不需要再特别添置防孤岛装置，由于有些地方不仅仅是光伏并网逆变器接入电网，还有可能是风力发电、生物质能发电、储能系统等分布式电源，国家电网有限公司规定，当并入电网接入容量超过本台区配变额定容量25%时，配电变压器低压侧熔断器开关应改造为低压断路器开关，并在配电变压器低压母线处装设反孤岛装置；低压断路器开关应与反孤岛装置间具备操作闭锁功能，母线间有联络时，联络开关也应与反孤岛装置间具备操作闭锁功能。

6.2.9 电网停电后，并离网系统为什么还能工作

问：有没有这样的一种系统，有市电时光伏可以并网发电，没有市电时光伏还可以工

作，只是不能上网发电，光伏可以给负载供电，这样不会浪费阳光，负载也不用断电。

答：这就是并离网系统，由太阳能电池组件组成的光伏方阵、太阳能并离网一体机、蓄电池组、负载等构成。光伏方阵在有光照的情况下将太阳能转换为电能，通过太阳能控制逆变一体机给负载供电，同时给蓄电池组充电；在无光照时，由蓄电池给太阳能控制逆变一体机供电，再给交流负载供电。

并离网一体机交流有两个接口，一个是接入电网，逆变器可以通过这个接口向电网送电，电网也可以通过这个接口向蓄电池充电，当电网停电时，逆变器还在继续工作，但是并网接口也同时停电，所以不会有电流向电网。这个并网接口的工作原理和并网逆变器一样，具备防孤岛功能。

另一个接负载，当电网有电时，电网接口和负载接口互通；当电网停电时，电网接口断开，但只要蓄电池有电，逆变器工作时，这个负载接口就一直闭合，负载就一直有电，可以继续运行。

相对于并网发电系统，并离网系统增加了充放电控制器和蓄电池，系统成本增加了30%左右，但是应用范围更宽，当电网停电时，光伏系统还可以继续工作，逆变器可以切换为离网工作模式，光伏和蓄电池可以通过逆变器给负载供电。

6.3 光储系统运行维护常见故障及解决方案

6.3.1 光伏系统为什么会发生缺相故障

问：甘肃有一个40kW的光伏电站，出现不发电的问题。业主在现场发现，并网箱过欠压保护开关烧坏，换了一个新的，逆变器还是显示没有电网。后来找了个电工检查了线路，用万用表检测了一下，发现三相电只有两相有电，三相电缺了一相。客户有点奇怪，过欠压保护开关被烧坏一般是什么原因，缺相该如何解决？

答：发生缺相的原因有三种可能：一是逆变器的原因；二是过欠压保护开关的容量偏小；三是线头和开关接触处没有压紧，电缆线径太细，加上线头没有压好，接触面积小，接触点时间长了就会过热烧坏。电缆在不同温度下的载流量见表6-1。

表6-1　电缆在不同温度下的载流量

尺寸（mm^2）	线阻 mΩ/m	外径（mm^2）	不同温度下载流量（A）		
			40℃	50℃	60℃
1	18	3	14	12	10
1.5	12	3.3	17	14	12

续表

尺寸（mm^2）	线阻 mΩ/m	外径（mm^2）	不同温度下载流量（A）		
			40℃	50℃	60℃
2.5	7.4	4.2	24	20	16
4	4.6	4.8	32	26	21
6	3.1	5.4	40	33	26
10	1.8	6.8	60	50	40
16	1.15	8.1	81	67	54
25	0.73	9.8	105	87	70
35	0.52	11	129	107	86
50	0.39	13	162	134	107
70	0.27	15	206	170	136
95	0.19	17	251	207	166

为什么选用线径小一号的电缆，会导致电缆温度升高甚至起火呢？这得从电缆的载流量的原理讲起，电缆标称的载流量，如 6mm^2 的电缆在温度为 40℃时，载流量为 40A，并不是说只能通过 40A 的电流，超过了就通不过，其实上是能通过大于 40A 的电流的，那为什么要标一个 40A 的电流呢，主要是因为电缆额定温度的原因。每一种电缆都有一个额定温度，有 70℃、90℃、105℃等多种，超过这个温度，就会导致绝缘层破坏甚至起火，而电缆都有一定的内阻，电流通过时，都会产生热量，电流越大，产生的热量就越高，电缆的温度就越高。

如上述说的 40kW 电站，逆变器最大输出电流是 64.5A，这个电流 6mm^2 的电缆也是可以流通的，但可以算一下损耗，6mm^2 的电缆的内阻是 3.2mΩ/m，如果线长为 100m，就有 0.32Ω 的内阻，电缆的损耗就是 1331W，这么多的损耗是全部加上电缆上，3 根电缆就接近 4kW 了。

逆变器的缺相故障是怎么发生的，该如何解决？这个就是逆变器的安全管家在起作用了，逆变器有一个过欠压保护功能，在运行过程中，时时刻刻在检测交流电压，只要有任何一相的电压低于标准电压的下限，逆变器都会停止运行。当故障完全排除，重新启动逆变器，就可以正常运行了。

6.3.2 单相逆变器和三相逆变器能否接在一起

问：有一个客户，已安装一台三相 15kW 逆变器，最近要增加 10 块 300W 共 3kW 组件，想用一个单相逆变器，请问电气接入是否可以？

答：要根据实际情况来定，绝大部分可以接。

1. 采用有中性线的系统接入没有问题

根据 GB 50054《低压配电设计规范》，低压配电系统有三种接地形式，即 IT 系统、TT 系统、TN 系统。其中 IT 系统没有中性线，TT 系统、TN 系统有中性线，在工商业和民用系统中，绝大多数是 TN 系统。并网逆变器接入电网，三相逆变器是 3 根火线、1 根中性线，1 根地线，单相逆变器是 1 根火线、1 根中性线、1 根地线，如果已有三相电网，单相逆变器只要接入 1 根相线（即火线）和 1 根中性线、1 根地线就可以了，因此，电气上是不存在问题。

2. 采用三相四线制的电能表计量没有问题

三相电能表用于测量三相交流电路中电源输出（或负载消耗）的电能。它的工作原理与单相电能表完全相同，只是在结构上采用多组驱动部件和固定在转轴上的多个铝盘的方式，以实现对三相电能的测量。三相四线制有功电能表与单相电能表不同之处，只是它由 3 个驱动元件和装在同一转轴上的 3 个铝盘所组成，它的读数直接反映了三相所消耗的电能。三相是单独测量，允许三相不一样，因此一相功率增加了，不会影响另外两相。

注意事项：

单相逆变器接入电网，要注意两个问题，一是三相不平衡的问题，因此要尽量把单相逆变器接入负荷最大的那一相，如果负载三相是平衡的，单相功率不宜太大，最好不要超过负载功率。如果光伏功率大于负载功率，光伏系统接入电网，如果本地负载消耗不了，要送入异地负载或者上一级电网，会引起逆变器电压升高。送出去的功率越大，电压就越高，严重的有可能引起逆变器过压保护而停机。

6.3.3 组件正负极接反了会怎么样

问：光伏组件接入逆变器，由于组件离逆变器有一段距离，需要添加 1 根延长线，这根延长线需用现场制作，正确的接法是光伏接头一边是母头，一边是公头，这样才能保证正、负极方向不会变，有经验的安装师傅都不会错，但是也有一些新手会把延长线的两个接头做成一样，如果接入逆变器，会造成正、负极接反。那么，组件正、负极接反，对逆变器有什么影响？

答：这个要根据逆变器的组串数量来看。

1. 逆变器只有一路组串

逆变器是由组件供电，如果只有 1 路组串，正、负极接反了，逆变器无法启动，逆变器的指示灯和屏幕均不亮，但逆变器不会损坏；如果改好了再接入，逆变器会正常工作。

2. 逆变器一个 MPPT 两路组串

如果两路组串都接反，和上述 1 情况一样，逆变器无法启动，逆变器的指示灯和屏幕均不亮。如果两路组串，一路接对、一路接反，两路组串相当于内部短路，组件短路电流放大

15%，熔丝不会烧断，逆变器直流电压可能只有几伏，逆变器不会损坏，组件会慢慢烧坏。

3. 逆变器一个 MPPT 多路组串

如果多路组串都同时接反，和上述 1 情况一样，逆变器无法启动，逆变器的指示灯和屏幕均不亮。如果一路接对、另外的几路接反，或者一路接反、另外的几路接对，组串内部短路，电流会加入 2 倍以上，如果逆变器有熔断器，熔断器会熔断，电路断开，不至于引起火灾。熔丝会烧断后，熔丝两端的电压便会翻倍，造成直流端过压逆变器炸机。

组件如果接反，后果比较严重，轻则逆变器炸机，重则引起组件起火，因此，要特别重视，新手如果不太熟练，可以先用万用表测量一下电压，注意：要用直流电压挡，如果测量电压的方向和逆变器的方面是对的，再接入到逆变器。

6.3.4 逆变器交流线接错会怎么样

问：逆变器交流输出如果接错线，后果会怎么样？

答：逆变器交流输出线，单相逆变器有 3 根线，1 根火线、1 根中性线、1 根地线。三相逆变器通常有 5 根线，3 根相线、1 根中性线、1 根地线。少部分中压并网的逆变器是 4 根线，2 根相线、1 根地线，有经验的安装师傅都不会接错，新手有时候会犯错。

三相五线制包括三相电的三个相线（A、B、C 线）、中性线（N 线）以及地线（PE 线）。地线在供电变压器侧和中性线接到一起，但进入用户侧后不能当作中性线使用，否则发生混乱后就与三相四线制无异了。供电线路相线之间的电压（即线电压）为 380V，相线和地线或中性线之间的电压（即相电压）均为 220V。进户线一般采用单相三线制，即三个相线中的一个和中性线、地线。三相五线制标准导线颜色：A 线黄色，B 线绿色，C 线红色，N 线蓝色，PE 线黄绿双色。逆变器的交流输出线，一般都是按照 A、B、C、N、PE 的顺序来排列的，所以只要按照规定的颜色接线，就不会出错。

交流线如果接错了，有可能导致逆变器不能启动，某些保护功能缺失，但不会导致逆变器损坏。下面是几个接错线的情况分析。

（1）三个相线（A、B、C 线）顺序。这个不存在接错的问题，因为并网逆变器有自动调整相序的功能，并网发电之前，先从电网上取电，检测电网的电压、频率、相序等参数，然后调整自身发电的参数，与电网电参数同步一致后才会并网发电。

（2）相线和中性线接错。有一个用户把相线 A 接到中性线 N 上去了，这时候逆变器就会报电网电压故障，逆变器 A 相会显示是线电压 380V，B、C 会显示是相电压 220V，逆变器认为电压过低而不启动。

（3）地线和中性线接反。地线和中性线到达变压器端时都会接到一起，三相变流电，中性线和地线基本上是没有电流的，但是在逆变器端接线时，不能接到一起，因为它们的作用不一样，地线的主要作用是防雷安全、逆变器参考电位、防电磁干扰的屏蔽接地、防组件出现 PID 等，中性线的作用是和相线构成一个回路，单相中性线有电流，三相系统如果不平衡，中性线也会有电流。如果把中性线和地线接反，地线的这些作用都没有了，有可能出现被雷击损坏、交流电压测量不准、逆变器易受干扰等故障。单相逆变器地线可能带电，逆变器机壳也会带电，有可能发生触电事故，漏电保护器容易误跳。

6.3.5 电网恢复了，逆变器为什么不能马上并网

问：当电网停电时，并网逆变器也要停机，这个时间很快，只有零点几秒钟，当电网恢复时，逆变器并不是马上就并网，而是要等待一段时间，这个时间也一致，大部分国家都要求 60s 以上，有些国家还要求 5min 以上，这是为什么呢？

答：我国相关标准，光伏电站接入电网技术规定，由于电网故障原因导致逆变器向电网停止送电，在电网的电压和频率恢复到正常范围后，逆变器应能在 20s～5min 内自动重新向电网送电，实际上大部分逆变器厂家把这个值设定在 60s 左右。

这个值主要是根据多年的电网实践而得出来的，在一般情况下，电网是不会停电的，但如果电网内的大型设备发生爆炸，线路发生短路等事故，电网会停电。由于电网内设备很多，有一些带蓄电池等储能装置的设备可能还有电，不一定都会断开，有些设备如线圈、接触器等要反复几次才能完全断开，也就是说，电网发生故障而停电后，电路短时间可能还有一重复来电，但这些电有可能是有故障的设备产生的。根据经验，这些故障来电时间都很短，如果逆变器检测电网稳定运行 60s 以上，就基本上可以判定是电网已经恢复了，这时候再并网，安全性更高。

6.3.6 为什么并网逆变器大多数质保是 5 年

光伏逆变器由结构件、电路板、功率开关管、电容、液晶显示屏和风扇等部件组成。组串式逆变器如果没有特殊要求，一般按 15 年的寿命设计，实际使用寿命，则和逆变器的设计、用料、安装环境有关系，一般是 8～15 年。

（1）电解电容确实是逆变器最容易失效的器件之一。NCC 电容目前是最好的电容之一，其电容规格书中明确写道："请注意推算出来的结果并不是保证值，在对设备进行寿命设计的时候，请检讨使用寿命裕量的电容器，还有，推算出来的寿命如果超过 15 年，请以 15 年为上限"。

（2）除了电解电容外，还有很多寿命不到 25 年的元器件，如液晶显示屏、连接件、电缆、接线端子、导热硅脂等。

空调、冰箱、电视机等家电是民用产品，使用寿命是 8 年左右，整机质保一般是 1 年，而光伏逆变器是工业级产品，使用寿命是 15 年，考虑逆变器的特殊性，只有厂家才能修，因此，大部分厂家都采用 5 年质保。

因为光伏逆变器是新产品，国内除了阳光电源，还没有哪个厂家有过 10 年的产品运行经验，企业的寿命都没有 10 年，所以很少有厂家有 10 年质保。

逆变器相对于电视机等家电产品，技术上还不是很成熟，而且又是高温高压大电流，质保 10 年，需要增加很多成本，如逆变器需要更多的降额设计，售后的服务人员也要增加很多，服务费用会很高。

以前并网逆变器厂家质保有 2、3、5、8、10 年等多种，质保 2、3 年是因为客户认为厂家质量不过关，不去买而倒闭了，质保 8、10 年的厂家，因为售后成本高利润低而破产了，所以最后只剩下质保 5 年的厂家。

6.3.7 雷电天气需要断开光伏系统吗

问：雷电主要分为直接雷击和间接雷击两种危害。雷雨天气，需要把光伏系统断开吗？

答：光伏系统有防雷保护，一般不需要断开系统。

（1）直接雷击的防护：在高大的建筑物上设立金属避雷入地导线，包括避雷针、避雷带、接地装置，可将巨大的雷雨云层电荷释放掉。光伏系统所有的电气设备都不能防护直击雷。

（2）间接雷击的防护：光伏系统在汇流箱、逆变器等电气设备有防雷模块，用以防护间接雷击。逆变器有二级防雷和三级防雷，二级防雷采用防雷模块，一般用于中大型光伏电站，电站周边没有较高的建筑物；三级防雷采用防雷器件，一般用于户用小型光伏电站，电站周边有较高的建筑物。

分布式光伏发电系统都装有防雷装置，正常的雷电天气不用断开。如果遇过强烈的雷雨天气，为了安全保险，建议断开逆变器或者汇流箱的直流开关，切断与光伏组件的电路连接，避免感应雷产生危害。

运行维护人员平时要做好防雷设施的检测，确保接闪器、引下线及接地系统的正常，确保防雷接地系统短路电阻值在 4Ω 以下，定时检测设备内防雷模块的性能，防止失效，这样就能确保雷雨天也不会损坏设备。

6.3.8 为什么低温天气光伏逆变器故障少

问：自从 12 月进入冬天，公司售后客服部就没有以前那么忙了，故障率比 7、8 月低了 3 成左右，难道逆变器也会冬眠？

答：当然事实不是这样，逆变器在冬天还是在正常工作，有多大的阳光，就输出多大的电能。逆变器故障低是另有原因的。

一是冬天光照普遍不好，逆变器输出功率偏低，大牛拉小车，逆变器在低负载运行，发生故障的可能性低。

二是环境温度低，电子产品在低温下运行，元器件的可靠性增加，不容易发生故障。

那低温会不会影响逆变器运行，更加不会。大部分元器件都可以耐－25℃的低温，而且逆变器一旦运行，功率元件有电流经过时，温度就会上升，产生热量能提高内腔温度，使元器件的工作温度大于环境温度。

逆变器的故障大部分都是由于热的原因，所以逆变器要安装在通风散热的地方，如果想逆变器的寿命长，尽量选择比组件功率大的逆变器，不要去追求过大的组件逆变器容配比。

6.3.9 光伏系统断路器跳闸的原因有哪些

问：在光伏系统中，断路器跳闸会经常发生，前面讲了漏电保护器的经常跳闸的原因，有一些项目，经检查，没有直流漏电，而且普通不带漏电保护功能的断路器也会经常跳闸，这里面会有哪些原因呢？

答：（1）电流原因。断路器选型太小或者质量不过关。

判断依据：平时不跳闸，只有当天气很好、光伏系统功率很大时才跳闸。

解决方法：更换功率大的断路器或者质量可靠的断路器。

（2）电压原因。断路器相电压过高，当光伏系统的功率大于负载用电功率时，逆变器提高电压往外送电。

判断依据：用万用表测量断路电压，超过了断路器的额定电压。

解决方法：更换线径更大的电缆，降低线路阻抗。

（3）温度原因。断路器温度过高，断路器和电缆接触不良，或者断路器本身触点接触不好，内阻大，导致断路器温度升高。

判断依据：断路器动作时，用手去摸，感觉温度偏高。

解决方法：重新接线，或者更换断路器。

（4）线路或者其他电器故障。其他用电设备漏电、线路漏电，如防雷器失效导致相间短路，逆变器故障导致谐波电流过大。

判断依据：相线之间、相线和地线之间绝缘电阻低。

解决方法：检测和更换有故障的设备和电线。

6.3.10 光伏系统能不能采用铝电缆

问：铝电缆价格比铜电缆要便宜很多，光伏系统能不能采用铝电缆？

答：只要电流和电压等参数满足条件，使用铝电缆和铜电缆是一样的效果，但是要注意以下一些事情。

（1）铜铝接头易出现电化学腐蚀，推荐采用铜铝过渡端子。

光伏组件、逆变器和并网开关之间要用电缆连接，而组件 MC4 接头、光伏逆变器输出接线端子、并网开关的接线端子都是用铜芯做的，铜和铝能直接连接，当需要连接时，要采用铜铝过渡线夹、铜铝过渡接头再连接。

目前，直流光伏 PV 直流接线 MC4/H4 接线端子，还没有铜铝过渡端的端子，因此从组件到汇流箱或者到组串式逆变器的 2.5mm/4mm 的直流电缆，目前还不能使用铝电缆，可以说 6mm 以下的光伏电缆目前都是铜电缆。

（2）同样的电流载流量，铝电缆要比铜电缆大很多，因此，要注意逆变器交流输出有防水端子，是否能否容纳。

6.3.11 阳光房采用什么光伏组件好

近几年，越来越多的人有了建阳光房的新需求，如果想搭建一间阳光房，首先要选择阳光房的位置，将一年四季日照的时间考虑进去，同时还要注意树木与相邻建筑物的阴影位置。比如东面或者南面，适合做花房；西面必须考虑遮阳和通风，北面适合做小办公室。

利用建筑露台空间，打造出既能享受阳光又能获取收益的光伏阳光房。代替阳光房原有的顶层玻璃结构，既能解决夏季过于闷热的烦恼，又能通过组件的透光性保证获取充足阳光，还能吸收太阳能转化为电能，让阳光房的使用功能再升级，兼具居家休闲和投资理财的优质属性。

光伏组件结构要求：透光、防水、隔热。传统的组件采用 TPT（聚氟乙烯复合膜）、TPE（热塑性弹性体）作为背板材料，不透明，不满足阳光房的透光性要求，而且常规的铝边框，防水也不好处理，因此一般阳光房组件采用双玻组件或者薄膜组件。

（1）双玻组件即双面玻璃晶体硅太阳电池组件，它的透光性稍差，但可以通过四周的玻璃来补充，双玻璃组件的优势是发电量高，通常效率可以达到 18%～20%。

（2）如果发电量要求高，同时对透光性要求又高，可以选择薄膜组件，如碲化镉（CdTe）、硅基薄膜组件，这种组件有多种透光性能的组件。而且碲化镉组件色彩均匀、美观，整体感强，特别适合于对美观度要求较高的建筑上使用，碲化镉效率可以达到 13%～15%。

6.3.12 什么是具有明显分断点的断路器

问：什么是具有可见分断点的断路器？一定是透明的吗？断路器上手柄用“分”“断”或“ON”“OFF”标识可以吗？

答：在 Q/GDW 11147—2013《分布式电源接入配电网设计规范》中，对断路器有以下要求：分布式电源并网点应安装易操作、具有明显开断指示、具备开断故障电流能力的断路器。断路器可选用微型、塑壳式或万能断路器。

这个标准是参考以前的配电箱标准，以前是“断路器要用具有可见分断点的断路器”，JGJ 46—2005《施工现场临时用电安全技术规范》要求，末段配电箱中如不设隔离开关，断路器要用具有可见分断点的断路器。

可见断点，按照正常的理解是：断路器分闸情况下，可以看见主触点处于断开状态，合闸情况下可看见主触点处于闭合状态。普通断路器由于外壳不是通明也不是敞开式的，合闸或分闸情况下是看不见主触头的状态的，手柄用“分”“断”或“ON”“OFF”标识能显示主触头的状态，但不能“可视”。

在分布式电源的标准中改为“具有明显开断指示”的断路器，这样就不用透明断路器了，在断路器外壳上的窗口上显示“ON”和“OFF”，也能满足要求。

如图 6-6 所示的断路器，中间是手动把手和标识，把手向下，显示为 OFF，为断开状态；把手向上，显示为 ON，为闭合状态。

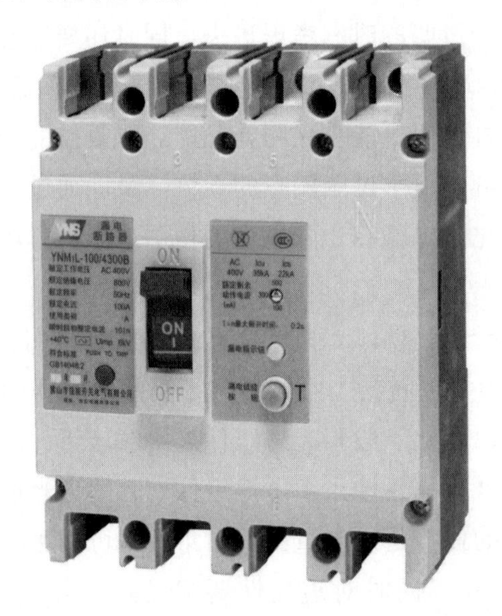

图 6-6　断路器

参考文献

[1] 苏剑. 分布式电源与微电网［M］. 北京：中国电力出版社，2016.

[2] 张建华. 微电网运行控制与保护技术［M］. 北京：中国电力出版社，2010.

[3] 余建华. 分布式发电与微电网技术及应用［M］. 北京：中国电力出版社，2018.

[4] 丁玉龙. 储能技术及应用［M］. 北京：化学工业出版社，2019.

[5] 刘继茂，丁永强. 无师自通分布式光伏发电系统设计、安装与运维［M］. 北京：中国电力出版社，2019.

[6] 阿里・凯伊哈尼. 智能电网可再生能源系统设计［M］. 北京：中国机械工业出版社，2020.

[7] 孙建龙. 电化学储能电站典型设计［M］. 北京：中国电力出版社，2020.

[8] 陈迎，巢清尘. 碳达峰、碳中和 100 问［M］. 北京：人民日报出版社，2021.

[9] 中关村储能产业技术联盟. 储能产业发展蓝皮书［M］. 北京：中国石化出版社，2019.